高等职业教育系列教材

Linux 系统与网络管理

第2版

赵尔丹 张照枫 袁 洲 编著

机 械 工 业 出 版 社

本书采用项目引导、任务驱动的方式，每个项目都包括项目学习目标、案例情境、项目需求、实施方案、项目小结、实训练习和课后习题，内容丰富、结构清晰。在内容安排上注意难点分散、重点突出，在案例选取上注重实用性和代表性。

本书共介绍了 9 个项目。从内容组织上分为系统维护与网络管理，其中项目 1～5 主要介绍了 Linux 操作系统的安装与启动、Linux 命令行操作基础、文件与设备管理、建立与管理 Linux 用户和用户组、网络配置与服务管理，项目 6～9 主要介绍了搭建 DHCP 服务器、搭建 DNS 服务器、搭建 FTP 服务器、搭建 WWW 服务器。

本书可以作为高职高专院校计算机网络技术、信息安全技术应用、计算机应用技术、物联网应用技术、大数据技术、云计算技术应用等专业的教材，也可供从事计算机网络工程设计、网络管理与维护的工程技术人员使用。

本书配有微课视频，读者扫描书中二维码即可观看；还配有授课电子课件、源代码等教学资源，需要的教师可登录 www.cmpedu.com 登录注册、审核通过后下载，或联系编辑索取（微信：15910938545，电话：010-88379739）。

图书在版编目（CIP）数据

Linux 系统与网络管理 / 赵尔丹，张照枫，袁洲编著. —2 版. —北京：机械工业出版社，2022.1（2024.2 重印）

高等职业教育系列教材

ISBN 978-7-111-69678-0

Ⅰ. ①L… Ⅱ. ①赵… ②张… ③袁… Ⅲ. ①Linux 操作系统-高等职业教育-教材 Ⅳ. ①TP316.89

中国版本图书馆 CIP 数据核字（2021）第 244378 号

机械工业出版社（北京市百万庄大街 22 号　邮政编码 100037）

策划编辑：王海霞　　责任编辑：王海霞

责任校对：张艳霞　　责任印制：常天培

北京机工印刷厂有限公司印刷

2024 年 2 月第 2 版 • 第 4 次印刷

184mm×260mm • 12 印张 • 296 千字

标准书号：ISBN 978-7-111-69678-0

定价：56.00 元

电话服务

客服电话：010-88361066

010-88379833

010-68326294

网络服务

机　工　官　网：www.cmpbook.com

机　工　官　博：weibo.com/cmp1952

金　　书　　网：www.golden-book.com

机工教育服务网：www.cmpedu.com

Preface

前 言

随着计算机技术的迅速发展，系统维护与网络管理在计算机应用中占据着越来越重要的地位。Linux 操作系统以系统运行稳定而著称，因而日益受到大多数企业的青睐。本书以 RHEL 7 为操作平台，基于虚拟机的环境，讲解了 Linux 操作系统的系统维护与网络管理方面的内容，旨在使读者学完本书后能够熟练地进行操作系统的维护与常用服务器的搭建与管理工作。

党的二十大报告指出，培养造就大批德才兼备的高素质人才，是国家和民族长远发展大计。为了更好地满足社会及教学需要，本书按照高职高专职业教育“理论够用、理实一体”的原则，遵循“教、学、做”一体化的教学模式，采用项目引导、任务驱动的方式，以培养技术应用能力为主线，依据学生的认知规则构建教材内容体系。

本书的编写特点如下。

1. 本书以项目学习目标、案例情境、项目需求、实施方案、项目小结、实训练习和课后习题为线索进行教学内容的组织，在内容安排上注意难点分散、重点突出，在案例选取上注重实用性和代表性。

2. 本书对接高职高专教育培养目标，在培养学生的技能操作和技术应用能力上下功夫。内容涉及实际工作中 Linux 操作系统管理的各种常用基本命令的运用、网络配置与管理，以及各种常用服务器的搭建。学生通过对本书的学习，可以掌握各种常用服务器的配置与使用方法。

3. 本书内容丰富、结构合理、实战性强。力求语言精练，内容深入浅出，书中采用图文并茂的方式，以清晰的操作过程，配以大量的实例对每个项目的知识进行讲解。

本书建议采用 72 学时授课，分为理论教学和实训教学两部分，理论与实训教学比例为 1：1。

项　目	理论学时	实训学时	总学时
项目 1 Linux 操作系统的安装与启动	2	2	4
项目 2 Linux 命令行操作基础	6	6	12
项目 3 文件与设备管理	2	2	4
项目 4 建立与管理 Linux 用户和用户组	2	2	4
项目 5 网络配置与服务管理	4	4	8
项目 6 搭建 DHCP 服务器	4	4	8
项目 7 搭建 DNS 服务器	6	6	12
项目 8 搭建 FTP 服务器	4	4	8
项目 9 搭建 WWW 服务器	6	6	12
合计	36	36	72

本书是由从事多年教学工作的教师与企业工程师共同编写的工学结合的教材。作者均长期从事与课程相关的一线教学工作，都有企业实践经历，积累了较为深厚的理论知识与丰富的实践经验，本书是对这些理论与经验的一次总结与升华。本书由赵尔丹、张照枫、袁洲共同编写，其中赵尔丹编写项目 1、2、6、7、9，张照枫编写项目 4、8，袁洲编写项目 3、5，全书由赵尔丹统稿。

由于时间仓促，加之编者水平有限，书中难免存在纰漏，恳请广大读者批评指正。

编　者

目　录 Contents

项目 1 Linux 操作系统的安装与启动

项目学习目标

- 了解 Linux 操作系统的发展史
- 熟练掌握虚拟机的使用方法
- 掌握 Linux 操作系统的安装
- 掌握 Linux 操作系统的登录与退出
- 熟练掌握图形界面与文本界面的切换方法

案例情境

随着计算机网络的日益发展，越来越多的企业或组织需要搭建自己的服务器来运行 WWW、FTP、邮件等网络服务。因此，服务器在网络中占据着越来越重要的地位。而 Linux 操作系统又是搭建服务器首选的操作系统之一。

项目需求

某公司需要搭建一台 WWW 和 FTP 服务器，要求服务器满足一定的安全性和可靠性。通过大量的市场调查，该公司认为 Red Hat Enterprise Linux 7（简称 RHEL 7）作为服务器的操作系统是比较合适的选择。

实施方案

选择 RHEL 7 作为操作系统搭建服务器的主要步骤如下。

1）选择合适的主机作为服务器。最好是选择知名品牌的厂商生产的计算机作为服务器。

2）搭建 RHEL 7 的操作系统的环境（为了讲授方便，本章是在虚拟机的环境中搭建 RHEL 7 的操作系统）。

3）启动 RHEL 7 操作系统。

4）测试能否正常地登录和退出 RHEL 7 操作系统。

任务 1.1 认识 Linux 操作系统

Linux 操作系统是在 1991 年发展起来的。它是与 UNIX 操作系统相兼容的多用户、多任务操作系统。本章将对 Linux 操作系统的发展史及主要特点进行简单的介绍，然后以 RHEL 7 操作系统为例，介绍 Linux 操作系统在虚拟机环境下的安装方式及登录与退出的方法。

1.1.1 Linux 操作系统的发展史

Linux 是以 UNIX 操作系统为原型而设计的一个操作系统。它继承了 UNIX 操作系统的各种优点，与 UNIX 操作系统相兼容，并能在基于 x86 架构 CPU 的 PC 上运行。

1-1
认识 Linux 操作系统

1. UNIX 操作系统简介

UNIX 操作系统是目前网络系统中主要的服务器操作系统之一。UNIX 操作系统是 1969 年由 Ken Thompson、Dennis Ritchie 等人在 AT&T 贝尔实验室开发成功的。

UNIX 操作系统是一个分时、多用户、多任务的通用操作系统。

- 分时系统是指允许多个联机用户同时使用同一台计算机进行处理的操作系统。
- 用户可以请求系统同时执行多个任务。
- 在运行一个作业的时候，可以同时运行其他作业。

目前，UNIX 分为两大派系，分别是 AT&T 贝尔实验室发布的 UNIX 操作系统 System V 和美国加州大学伯克利分校发布的 UNIX 操作系统 BSD。

UNIX 操作系统经过了长期的发展才日渐成熟，下面介绍几个比较成熟的版本。

1）第 1 个版本（V1）：1971 年发布，是以 PDP-11/20 的汇编语言编写的。

2）第 4 个版本（V4）：Ken Thompson 与 Dennis Ritchie 成功地用 C 语言重写了 UNIX 的内核，这就更加便于对 UNIX 操作系统进行修改、移植，为 UNIX 日后的普及打下了坚实的基础。而 UNIX 和 C 完美地结合成为一个统一体，使得 C 与 UNIX 很快成为网络系统中操作系统的主导。

3）第 6 个版本（V6）：第一个在贝尔实验室外广为流传的 UNIX 版本，这也是 UNIX 分支的起点和广受欢迎的开始。

4）第 7 个版本（V7）：被认为是最后一个真正的 UNIX 系统，该版本包含一个完整的 K&RC 编译器和 Bourne Shell。

2. Minix 微型操作系统

1987 年，美国人 Andrew S. Tanenbaum 利用 C 语言和汇编语言在基于 Intel 8086 的微处理器上编写了一个类似于 UNIX 的 Minix 操作系统，并将源代码用于大学计算机操作系统的教学，其编写初衷是不受贝尔实验室协议许可的约束，为教学科研提供一个操作系统。作为一个操作系统，Minix 并不是优秀的，但它同时提供了用 C 语言和汇编语言编写的系统源代码。在当时，这种源代码是软件商一直小心地守护着的。Minix 系统在大学校园内可以免费使用，其官方网站为 http://www.minix3.org。

3. Linux 操作系统简介

Linux 是一种自由和开放源代码的操作系统。目前存在着许多不同的 Linux，例如 RedHat、Debian、SuSE、Ubuntu、RedFlag 等，但它们都使用了 Linux 内核。Linux 操作系统的标志是企鹅。下面简单地介绍一下 Linux 操作系统的发展历史。

1991 年，由芬兰赫尔辛基大学的二年级学生 Linus Torvalds（李纳斯·托沃兹）用汇编语言编写了一个在 80386 模式下处理的多任务切换的程序。

1991 年初，Linus 开始在一台 386sx 计算机上学习 Minix 操作系统，并开始了对 Minix 操作系统的研究工作。起初，他只编写了一些硬件设备驱动程序和文件系统，并尝试移植 GNU 的软件到该系统上，希望能够做出“比 Minix 更好的 Minix”。

1991 年 4 月 13 日，Linus 在 comp.os.minix 上发布说自己已经成功地将 bash 移植到了 Minix 上。

1991 年 8 月 25 日，Linus 在 comp.os.minix 上发布说自己正在编写一个基于 386（486）AT 机器的自由操作系统。并且已经成功地将 bash（1.08 版）和 gcc（1.40 版）移植到了新系统上，而且再过几个月就可以使用。

1991 年 9 月中旬，Linux 的 0.01 版本产生，它被放到网上，源代码公开，允许大家下载、修改。大家对 Linux 系统的修改建议可以反馈给 Linus。

1991 年 10 月 5 日，Linus 在 comp.os.minix 新闻组上发布消息，正式对外宣布 Linux 内核系统的诞生（free minix-like kernel sources for 386-AT）。这条消息可以说是 Linux 的诞生宣言，并且一直广为流传。

由此可见，Linux 是一个以 Intel x86 系列 CPU 为硬件平台，遵循 POSIX（Portable Operating System Interface，标准操作系统界面）标准、完全免费而且可自由传播的类似于 UNIX 的操作系统，是一种多用户、多任务的分时操作系统。

1.1.2 Linux 的版本

Linux 的版本分为内核版本和发行版本两种。

1. 内核版本

目前 Linux 内核的开发遍布世界各国，但 Linux 内核的版权和发行权掌握在 Linus Torvalds 手中。通常，每过一段时间就会发布一个 Linux 的开发版，供大家参照。Linux 内核通过 http://www.kernel.org网站和一些镜像网站发布。

内核版本是指由内核小组开发维护的系统内核的版本号。内核版本又分为产品版本和实验版本。产品版本是指不再增加新的功能，只是修改错误的版本（稳定版本）。实验版本是指不断地增加新的功能，不断地修正错误从而发展到产品版本的一种版本（不稳定、存在不安全因素的版本）。在产品版本的基础上再产生出一个新的实验版本，再继续增加新的功能和修正错误。产品版本和实验版本两者是不断循环的。

内核版本的每一个版本号由 3 个数字组成，形式为：major.minor.patchlevel。其中，major 表示主版本号，minor 表示次版本号，两者共同构成内核版本号；patchlevel 表示对当前版本的修订次数。例如，3.10.0 表示对内核 3.10 版本的第 0 次修订。此外，次版本号还表示内核的类型，偶数表示产品版本，奇数表示实验版本。

用户在登录 Linux 操作系统的过程中，可以通过提示信息查看系统中所使用的内核版本号，也可以通过命令 uname –r 或 uname –a 来查看。

【例 1-1】 查看内核版本号。

```
[root@localhost ~]# uname -r
[root@localhost ~]# uname -a
3.10.0-514.el7.x86_64
```

下面简单介绍 Linux 操作系统内核发展史上的几个重要的历史时刻。

1991 年 9 月中旬，Linux 的 0.01 版本诞生。

1991 年 10 月 5 日，Linux 内核系统诞生，发布了 Linux 内核 0.22 版本。

1994 年 3 月 14 日，Linux 1.0 版内核发布。

1996 年 2 月 9 日，Linux 2.0 版内核发布。开始支持多处理器，I/O 系统也更加健壮。

1999 年 1 月 26 日，Linux 2.2 版内核发布。同年，Linux 的简体中文发行版发布。

2001 年 1 月 4 日，Linux 2.4 版内核发布，该版本成为一个稳定的、高性能的操作系统内核，开始支持即插即用。Red Hat Linux 9 发行版采用的就是 2.4.20 版内核。

2004 年 12 月 17 日，Linux 2.6 版内核发布。对 I/O 子系统作了改进，可以支持更大的内存，具有更快的运行速度，以及能更好地支持即插即用的设备。RHEL 4 采用的是 2.6.9 内核。

2007 年 1 月 10 日，发布了 Linux 2.6.19 内核。RHEL 5 采用的是 2.6.18 内核。

2009 年 6 月 9 日，发布了 Linux 2.6.30 内核。2010 年 11 月 11 日，RHEL 6 正式版发布。

2013 年 7 月 1 日，发布了Linux 3.10内核。该内核能够支持 DynTicks（动态定时器）、KVM 虚拟化改进、ARM 架构支持改进、大量的 Linux 加密子系统优化、AMD 电源管理改进和分阶段驱动（Staging Drivers）改进与新举措。RHEL 7 使用该内核。

2015 年 8 月 31 日，发布了Linux 4.2内核。该内核增加了新 AMD GPU 驱动、Intel Broxton 支持，改进 NCQ TRIM 处理、F2FS 文件系统加密，重写了英特尔x86 汇编代码。

2. 发行版本

对于操作系统来说，仅有内核还是不够的，还应该具备基本的应用软件。Linux 的发行版本实质上就是 Linux 内核加上一些外围应用程序而组成的一个软件包。相对于 Linux 的内核版本而言，发行版本的版本号随着发布者的不同而不同，发行版本的版本号也是独立于内核版本号的。

Linux 的发行版本较多，比较知名的有 Red Hat、Debian、SuSE、Ubuntu、RedFlag 等。下面以 Red Hat（红帽）为例介绍其发行版本。Red Hat Linux 的发行版分为 Fedora Core 和 Enterprise 两种。

Red Hat 是全球最大的开源技术厂家，其产品 Red Hat Linux 也是全世界应用最广泛的 Linux。Red Hat Linux 是目前市场份额占有量最高的一种发行版本。Red Hat 公司的研发重心为 Linux 的商用企业服务器——Red Hat Enterprise Linux。下面主要介绍几个比较有影响的版本。

1994 年 11 月，Red Hat Linux 1.0 版诞生。

1995 年，Red Hat Linux 2.0 版诞生。

1997 年，Red Hat Linux 5.0 版诞生。它支持 Intel、Alpha、Sparc 平台和大多数的应用软件，使程序的安装及软件升级都很方便。

2003 年 4 月，Red Hat Linux 9.0 发布。重点改善桌面应用，包括改进安装过程、更好的字体浏览、更好的打印服务等。

2004 年 4 月，Red Hat 公司正式停止对 Red Hat Linux 9.0 版本的支持，标志着 Red Hat Linux 的正式完结。原本的桌面版 Red Hat Linux 发行版则与 Fedora 合并，成为 Fedora Core（简称 FC）发行版本。

2007 年 3 月 14 日，RHEL 5 版本发布。

2010 年 11 月，RHEL 6 正式版发布。

2014 年 6 月，RHEL 7 正式版发布。

Fedora 由 Red Hat 公司赞助，以社群主导、支持的方式来开发 Linux 的发行版本。2003 年

11 月，Fedora Core 1 版本发行。

FC 的用户定位是桌面应用用户，FC 为用户提供了最新的软件包，同时，它的版本更新周期也非常短，仅 6 个月。Fedora 拥有数量庞大的用户、优秀的社区技术支持，以及许多创新，但是由于免费版版本生命周期太短，存在着多媒体支持不佳的状况。这也是服务器上一般不推荐采用 Fedora Core 的原因所在。

Red Hat 公司不再开发桌面版的 Linux 发行包，而将全部力量集中在服务器版的开发上，也就是 Red Hat Enterprise Linux 版本。Red Hat Enterprise Linux 又分为以下 4 个版本。

- Red Hat Enterprise Linux Advanced Platform（高级服务器版）：适用于大中型组织的关键业务。
- Red Hat Enterprise Linux Server（服务器版）：适合大型企业部门及数据中心使用。
- Red Hat Enterprise Linux Desktop with Workstation option（工作站版）：适用于中小型组织的关键业务。
- Red Hat Enterprise Linux Desktop（桌面版）：适合需要使用通用应用程序的用户使用。

本书以 RHEL 7 操作系统为例来说明各种常用服务器的搭建。下面就介绍此系统的几个主要特性。

- kerberos 的跨平台信任机制。kerberos 将完全兼容微软活动目录，实现完全使用活动目录进行认证。
- 调优和调优配置。RHEL 7 提供了动态调优方案来解决系统性能瓶颈问题。系统管理员也可以手动修改系统预置的方案来达到调优的效果。
- 增强 RHEL 7 虚拟机。完全兼容 vmwarevshpere 架构，RHEL 7 自带 open vmtool、3D 图形驱动和 OpenGLX11 的支持，使得将 RHEL 7 部署在 vmware 平台更加方便。RHEL 7 同时支持与 vmware esxi 之间的快速通信。
- 虚拟 I/O。为每台虚拟机提供调用底层 PCI 设备的接口，实现内核级别的隔离，提高了机器的安全性和兼容性。
- 创建定制安装介质。用户可以根据自己的需要来定制属于自己的 RHEL 7。
- RHEL 7 选择 XFS 作为其默认的文件系统。XFS 文件系统完全为大数据而生，单个文件的大小最大可达到 16TB，并且提供了丰富的日志系统，是应对大数据存储的强大的文件系统。
- 新增网络管理接口 NMCLI。
- 使用 systemctl 调用服务脚本。RHEL 7 中使用 systemd 取代了原有的 sysV，由 systemd 来管理系统中的服务。使得系统中的服务可以自动解决服务之间的依赖关系，并且支持服务的并行启动。
- 使用最新的 Gnome 3 为默认桌面环境，使用最新的 KDE 4.10 为备选桌面环境。

1.1.3 Linux 操作系统的特点

Linux 操作系统是 UNIX 操作系统的一种克隆系统。它继承了 UNIX 操作系统的众多优点，比如安全性与稳定性，是真正意义上的一种多用户、多任务的分时操作系统。Linux 具有非常强大的网络功能，而且软件成本低，具有可移植性等优点，已经成为目前非常流行的网络操作系统之一。

Linux 由于其源代码的开源性，从 20 世纪 90 年代诞生到今天，以非常迅猛的速度发展，Linux 系统主要具有以下几个特性。

1. 完全免费、源代码开放

Linux 是一款免费的操作系统，用户可以通过网络或其他途径免费获得，并可以任意修改其源代码。由于其坚持源代码开放的策略，使得来自全世界的无数程序员参与了 Linux 的修改、编写工作，程序员可以根据自己的兴趣和灵感对其进行改变，从而使 Linux 能够不断地发展壮大。

2. 多用户、多任务

Linux 支持多用户，各用户对于自己的文件设备都有各自的权限，保证了各用户之间互不影响。多任务则指 Linux 可以使多个程序同时并独立地运行，也就是支持多个进程的运行。

3. 良好的用户界面

Linux 同时具有文本命令行界面和图形界面。在文本命令行界面下，用户可以通过键盘输入相应的命令来对系统进行操作。它同时也提供了类似 Windows 图形界面的 X-Window 系统，用户可以使用鼠标进行操作。

4. 丰富的网络功能

Linux 操作系统在网络方面具有非常强大的功能，在 Linux 操作系统下可以实现各种网络服务，例如 WWW 服务器、FTP 服务器、DHCP 服务器、DNS 服务器、代理服务器和邮件服务器等。

5. 可靠的安全性与稳定性

Linux 操作系统继承了 UNIX 操作系统的安全性和稳定性的特点。Linux 采取了许多安全技术措施，如读/写权限控制、审计跟踪等技术都为安全提供了保障。Linux 操作系统可以平稳地运行数月或数年，而不用重新启动系统，这点对于 Windows 操作系统而言，几乎是不可能实现的。

6. 支持多种平台，支持多处理器

Linux 操作系统具有良好的可移植性，支持在多种平台上运行。可移植性是指将操作系统从一个平台移到另一个平台上时，它仍然能够按照其自身的方式进行运行。Linux 可以运行在多种硬件平台上，如具有 x86、680x0、SPARC、Alpha 等处理器的平台。可移植性为不同主机平台与其他任何主机进行有效通信提供了手段，不需要增加额外的通信接口。

同时，Linux 操作系统也支持多处理器技术。多个处理器同时工作，能够使系统性能大大提高。

7. 完全兼容 POSIX 标准

POSIX（Portable Operating System Interface for UNIX）是由 IEEE 和 ISO/IEC 开发的一簇标准。该标准描述了操作系统的调用服务接口，用于保证编制的应用程序可以在源代码级别上、在多种操作系统上移植运行。

在 Linux 下通过相应的模拟器运行常见的 DOS、Windows 的程序。这为用户从 Windows 转到 Linux 奠定了基础。许多用户在考虑使用 Linux 时，就想到以前在 Windows 下常见的程序是

否能正常运行，这一点就消除了他们的疑虑。

任务 1.2 搭建虚拟机环境

1.2.1 了解虚拟机

1-2 搭建虚拟机环境

虚拟机是指以软件模块的方式，在某种类型的计算机及操作系统的基础之上，模拟出另外一种计算机及其操作系统的虚拟技术。在虚拟机中可以和真正的计算机一样进行操作系统的安装、应用软件的使用。

由 VMware 公司开发的 VMware 虚拟机是大家比较熟知的虚拟机软件，它分为面向客户端的 VMware Workstation、面向服务器的 VMware GSX Server 和 VMware ESX Server。通常使用虚拟机 VMware Workstation，在后面的章节中如没有特殊说明，所讲述的虚拟机指的都是 VMware Workstation（简称 VMware）。

VMware 虚拟机软件可以安装在 Windows 或 Linux 操作系统中，在 VMware 虚拟机中可以安装 Windows 的所有操作系统、众多 Linux 版本的操作系统、Novell Netware 操作系统及 Sun Solaris 操作系统。

VMware 具有非常强大的虚拟网络功能，它提供了 Bridged Network、Host-only Network 及 NAT 三种虚拟的网络模式。通过虚拟机，可以在一台计算机中模拟出完整的虚拟计算机的网络。当然，虚拟机的运行也会为操作系统的运行增加额外的负担。

1.2.2 安装 VMware 虚拟机

为了能够在虚拟机中安装操作系统，需要先在主机中安装虚拟机软件。VMware 对主机的硬件需求不仅限于将 VMware 在宿主主机中运行起来，还要考虑计算机硬件配置能否满足每一台虚拟机及虚拟操作系统的需求。最好将宿主主机配置成并行处理能力强的 CPU，以使虚拟机达到最佳的运行效果；最好为宿主主机配置容量较大的硬盘和内存，以便于虚拟机能够更加顺畅地运行和工作。下面以 VMware Workstation 12 pro 为例来说明虚拟机的安装过程。

1-3 搭建虚拟机环境操作演示

1）在 Windows 10 操作系统中直接运行 VMware Workstation 12 pro 的安装程序，会出现如图 1-1 所示的安装向导对话框。

2）单击“下一步”按钮，进入如图 1-2 所示的“最终用户许可协议”界面，选择左下角的“我接受许可协议中的条款”复选框。

3）单击“下一步”按钮，进入如图 1-3 所示的“自定义安装”界面，单击“更改”按钮可以修改安装路径。如果需要安装增强型键盘驱动程序，选择“增强型键盘驱动程序（需要重新引导以使用此功能）”复选框，此功能要求主机驱动器上具有 10MB 空间。

4）单击“下一步”按钮，进入如图 1-4 所示的“用户体验设置”界面，在此界面中有“启动时检查产品更新”与“帮助完善 VMware Workstation Pro”两个复选框，用户可根据需要进行选择。

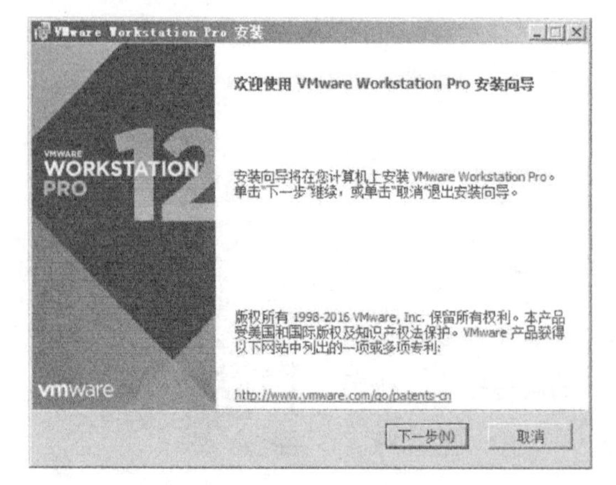

图 1-1 安装向导对话框

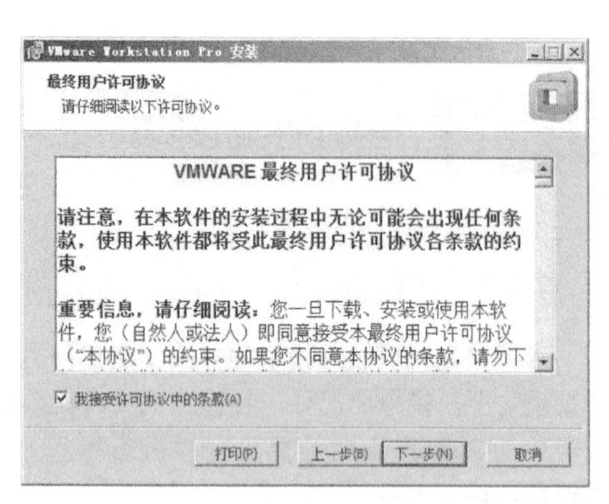

图 1-2 “最终用户许可协议”界面

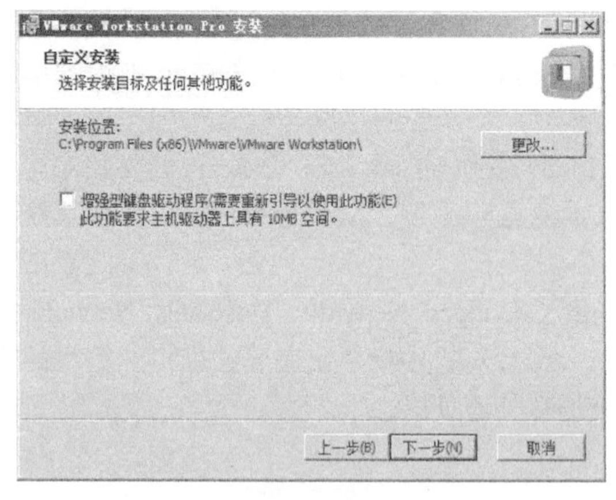

图 1-3 “自定义安装”界面

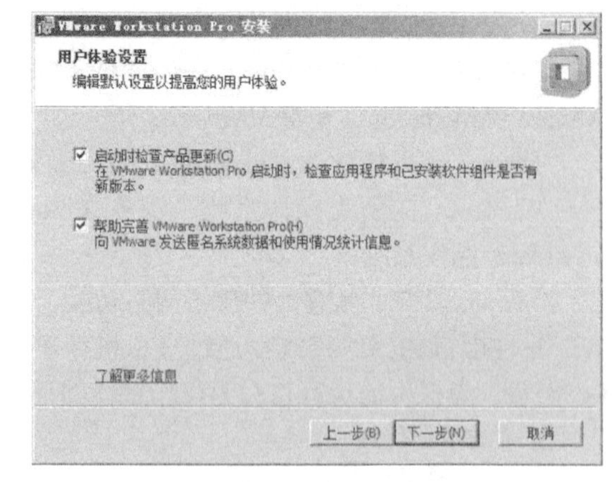

图 1-4 “用户体验设置”界面

5）单击“下一步”按钮，进入如图 1-5 所示的“快捷方式”界面，用户可以选择将该软件的快捷方式建立在桌面上或者“开始”菜单中的“程序”文件夹中。

6）单击“下一步”按钮，进入如图 1-6 所示的“已准备好安装 VMware Workstation Pro”界面。

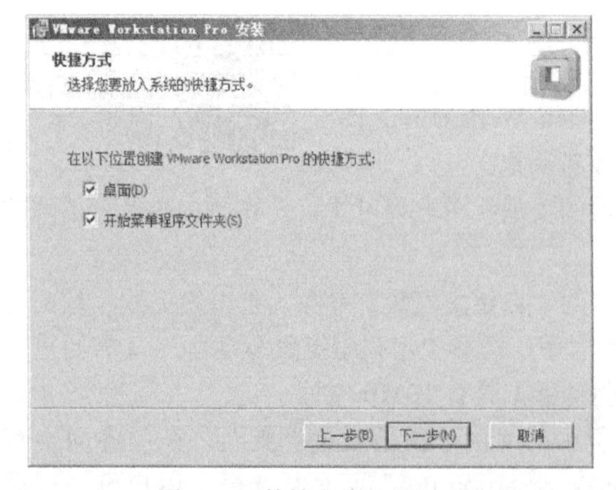

图 1-5 “快捷方式”界面

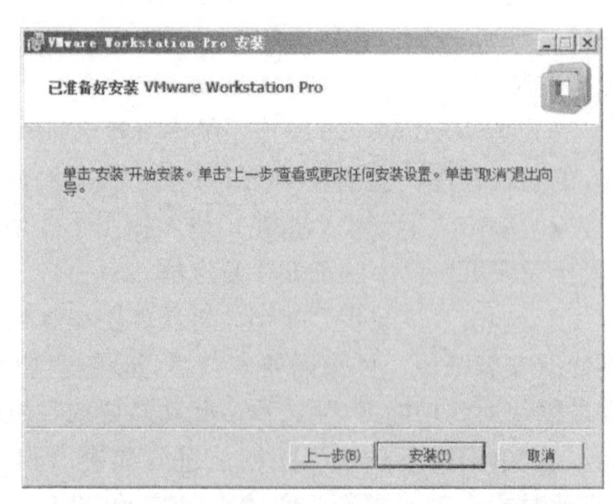

图 1-6 “已准备好安装 VMware Workstation Pro”界面

7）单击“安装”按钮，进入如图1-7所示的“正在安装VMware Workstation Pro”界面。

8）单击“下一步”按钮，进入如图1-8所示的“VMware Workstation Pro安装向导已完成”界面。

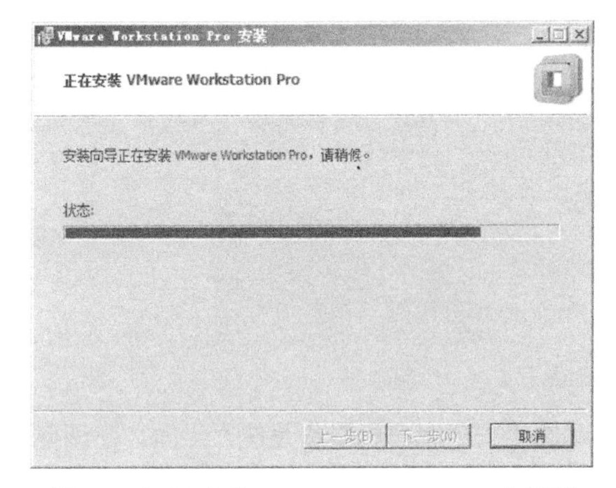

图1-7 “正在安装VMware Workstation Pro”界面

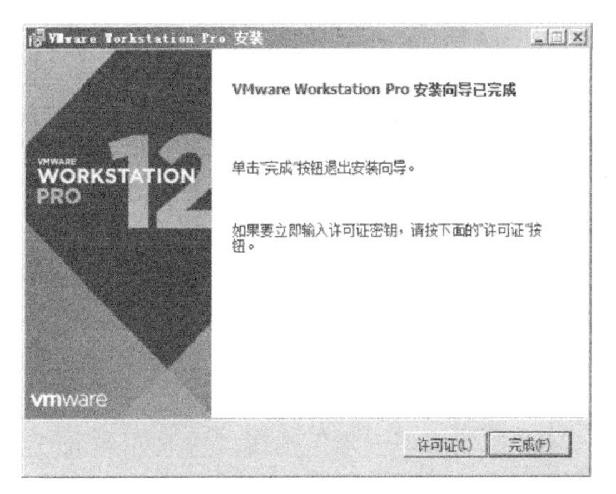

图1-8 “VMware Workstation Pro安装向导已完成”界面

注意：VMware安装完成后，还会在Windows 10中安装两块虚拟网卡，分别是VMware Network Adapter VMnet1和VMware Network Adapter VMnet8，如图1-9所示。

图1-9 网卡与虚拟网卡

1.2.3 创建虚拟机

在Windows 10的“开始”菜单中执行“VMware Workstation Pro”命令，或在桌面上双击快捷方式图标，开始VMware软件的运行，其主界面如图1-10所示。

VMware的基本操作比较简单，在此主要介绍如何在VMware中实现虚拟机的搭建与管理，至于菜单和工具栏就不再一一介绍了。

1）选择菜单栏“文件”中的“新建虚拟机”命令，弹出如图1-11所示的“新建虚拟机向导”对话框界面。系统提供了“典型（推荐）”和“自定义（高级）”两种类型的配置选项。自定义安装方式允许用户根据自己的需求进行安装，在此选择“典型（推荐）”方式。

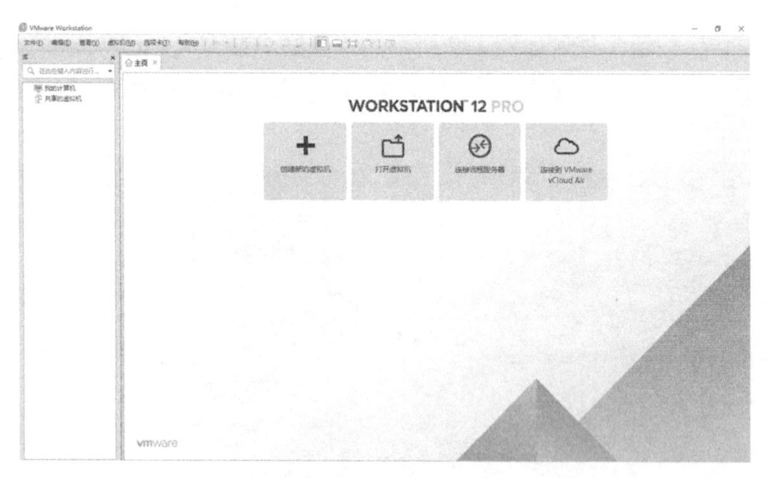

图 1-10　VMware Workstation 12 Pro 主界面

2）单击“下一步”按钮，进入如图 1-12 所示的“安装客户机操作系统”界面。在该界面中选择安装操作系统的源文件，在此有三个选项：①“安装程序光盘”，即指定安装光盘所在的光驱；②“安装程序光盘映像文件（iso）”，即指定安装映像文件所在的路径；③“稍后安装操作系统”，表示将创建一个虚拟的空白硬盘，以后再进行操作系统的安装。在此选择第三个选项进行操作系统的安装。

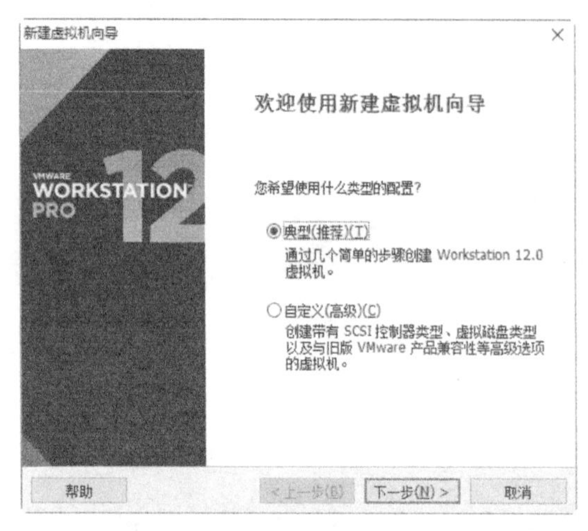

图 1-11　“新建虚拟机向导”对话框

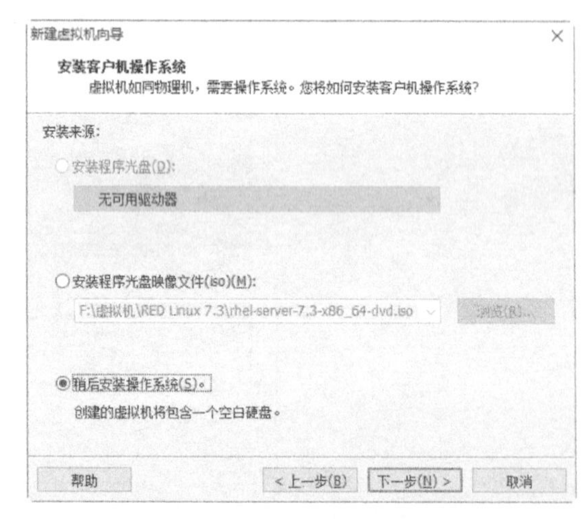

图 1-12　“安装客户机操作系统”界面

3）单击“下一步”按钮，进入如图 1-13 所示的“简易安装信息”界面。该界面中主要包含安装操作系统的一些设置信息，如用户名、密码等。

4）单击“下一步”按钮，进入如图 1-14 所示的“命名虚拟机”界面。在该界面中会自动显示虚拟机的名称及安装路径，单击“浏览”按钮，可以更改操作系统的安装路径。

5）单击“下一步”按钮，进入“指定磁盘容量”界面，如图 1-15 所示。在此界面中需要指定虚拟硬盘的容量。该界面包含两个选项。第一个选项“将虚拟磁盘存储为单个文件”表示将根据虚拟硬盘容量，在主机上创建一个单独的文件。第二个选项“将虚拟磁盘拆分为多个文件”表示虚拟硬盘将会在主机上创建多个文件。这样就方便了将虚拟机从一台计算机移至另外一台计算机。

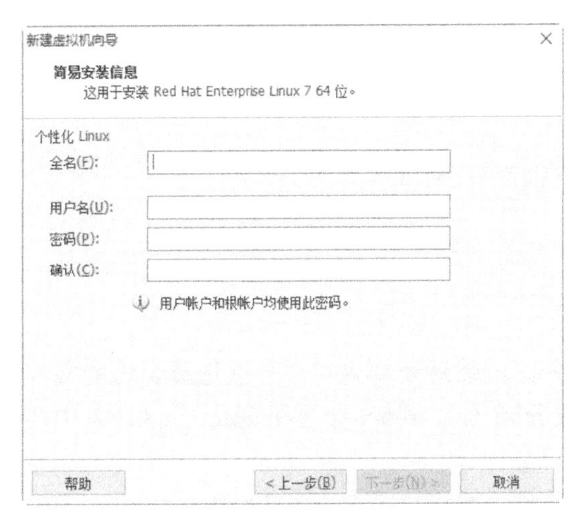

图 1-13 “简易安装信息”界面

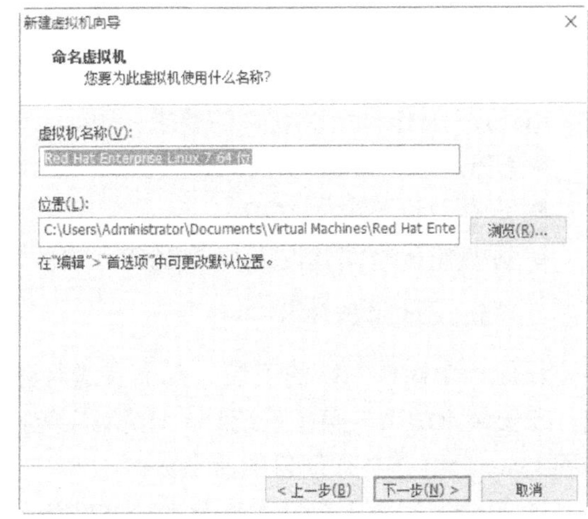

图 1-14 “命名虚拟机”界面

6）单击“下一步”按钮，进入“已准备好创建虚拟机”界面，如图 1-16 所示。如果需要对虚拟机的相关参数进行修改，可以单击“上一步”按钮；如果要取消安装，可以单击“取消”按钮。单击“完成”按钮，完成虚拟机的安装。

新建虚拟机向导
指定磁盘容量
磁盘大小为多少?
虚拟机的硬盘作为一个或多个文件存储在主机的物理磁盘中。这些文件最初很小，随着您向虚拟机中添加应用程序、文件和数据而逐渐变大。
最大磁盘大小(GB)(S): 20.0
针对 Red Hat Enterprise Linux 7 64 位 的建议大小: 20 GB
将虚拟磁盘存储为单个文件(O)
将虚拟磁盘拆分成多个文件(M)
拆分磁盘后，可以更轻松地在计算机之间移动虚拟机，但可能会降低大容量磁盘的性能。
帮助　< 上一步(B)　下一步(N) >　取消

图 1-15 “指定磁盘容量”界面

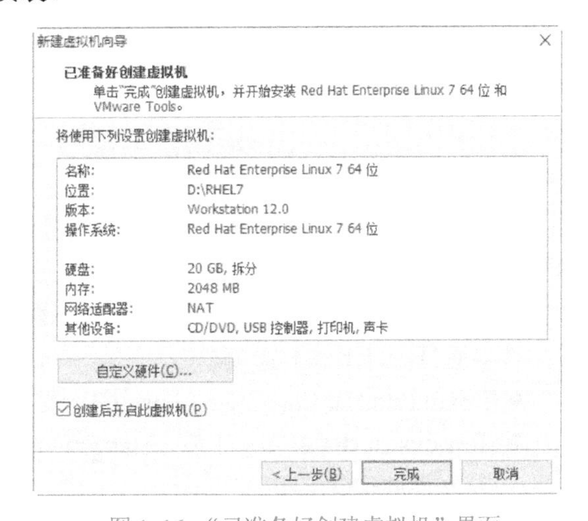

图 1-16 “已准备好创建虚拟机”界面

任务 1.3 安装 Linux 操作系统

1.3.1 准备安装 RHEL 7 操作系统

在安装 RHEL 7 操作系统之前，应该做一些准备工作，例如硬件兼容性检查、磁盘分区的划分与选择等。

1-4 安装 Linux 操作系统

1. 硬件准备

在安装操作系统之前，首先应该考虑硬件与 Linux 操作系统是否兼容。Red Hat 网站提供了 RHEL 7 的硬件兼容列表，可以通过访问http://bugzilla.redhat.com/hwcert去查找配置的硬件是否在列表中。

RHEL 7 操作系统对硬件的要求如下。

- CPU 为 Pentium 以上处理器。RHEL 7 当前仅支持 64 位。
- 内存建议不少于 1GB。
- 硬盘空闲空间建议不少于 20GB。

2. Linux 的磁盘分区

任何一个操作系统的安装，都需要进行磁盘分区，然后还要为每个分区选择合适的文件系统。在安装 RHEL 7 操作系统时，通常需要创建根分区（/）、/boot 分区和 swap 分区，其中根分区和 swap 分区是必须创建的两个分区。

- 根分区：用于存储大部分系统文件和用户文件。建议分区大小为 20GB 左右。
- /boot 分区：用于引导系统，包含操作系统内核和启动过程中所要用到的文件。建议分区大小为 500MB 左右。
- swap 分区：用来提供虚拟内存空间，其大小通常是物理内存的 1.5～2 倍。

在 Linux 操作系统的整个树型目录结构中，只有一个根目录（用“/”表示），根目录位于根分区，文件和目录都是建立在根目录之下的，通过访问挂载点目录，即可实现对这些分区的访问。关于这部分内容会在后面的章节中进行介绍。

1.3.2 安装 RHEL 7 操作系统

Linux 安装分为文本和图形界面两种安装方式。建议初学者选择图形界面的安装方式。本小节在虚拟机中安装 RHEL 7。

1）当安装介质被检测到之后，会启动 RHEL 7 的 grub 菜单，如图 1-17 所示。

该界面包含以下三个选项。

- Install Red Hat Enterprise Linux 7.3：安装 RHEL 7.3。
- Test this media & install Red Hat Enterprise Linux 7.3：测试安装文件并安装 RHEL 7.3。
- Troubleshooting：修复故障。

1-5 安装 Linux 操作系统操作演示

2）在此选择第一个选项“Install Red Hat Enterprise Linux 7.3”并按〈Enter〉键继续，如图 1-18 所示。

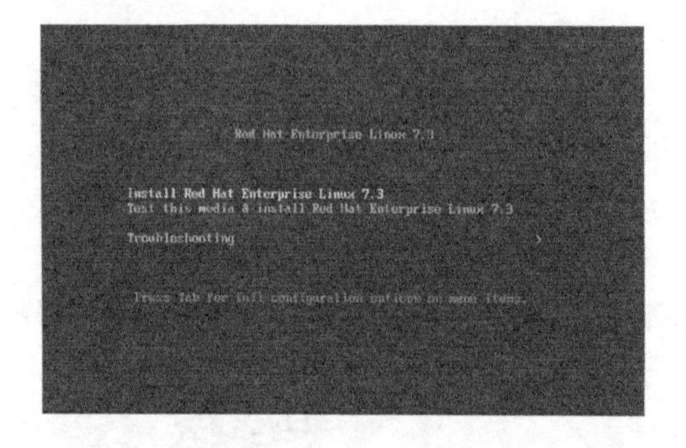

图 1-17 grub 菜单

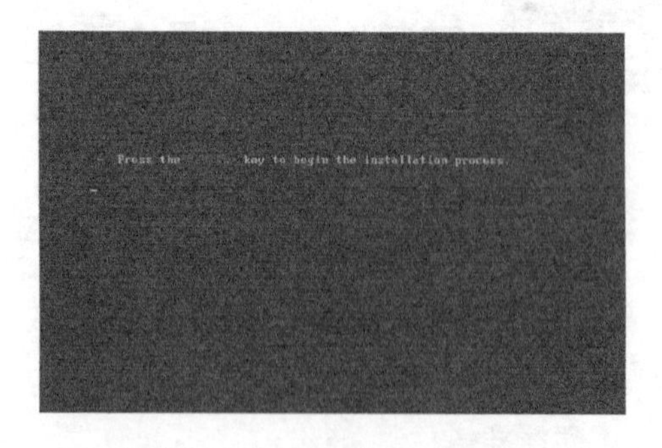

图 1-18 选择第一个选项

3）按〈Enter〉键后开始安装过程，会出现如图 1-19 所示的界面。Linux 支持多国语言，在此选择“中文-简体中文（中国）”。

4）单击“继续”按钮，出现“安装信息摘要”界面，如图 1-20 所示。

图 1-19 选择语言

图 1-20 “安装信息摘要”界面

5）选择图 1-20 所示“安装信息摘要”界面中的“日期和时间”选项，可以对系统的日期与时间进行设置。设置完成后单击左上角的“完成”按钮即可，如图 1-21 所示。

6）选择图 1-20 所示“安装信息摘要”界面中的“键盘”选项，出现如图 1-22 所示的界面。单击“+”按钮，添加新的键盘布局方式，选中要添加的语言，然后单击“添加”按钮，添加完成后，单击“完成”按钮即可。

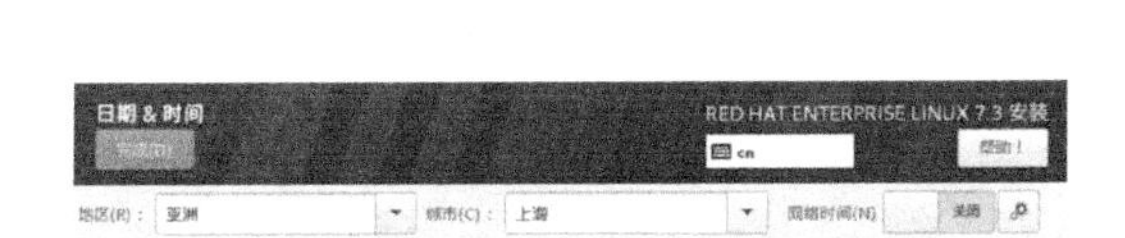

图 1-21 “日期&时间”界面

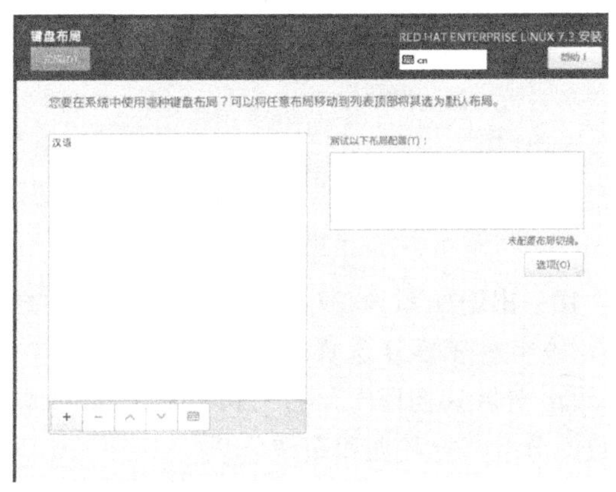

图 1-22 “键盘布局”界面

7）选择图 1-20 所示“安装信息摘要”界面中的“安装源”选项，出现如图 1-23 所示的界面。单击“验证”按钮，弹出“介质效验”对话框，如图 1-24 所示，验证光盘或镜像是否完整，防止安装过程中出现软件包不完整的情况。选择“额外软件仓库”，可以在安装时检测是否有更新的软件包，进行更新安装，也可以手动添加新的网络软件仓库，然后单击“完成”按钮。

8）选择图 1-20 所示“安装信息摘要”界面中的“软件选择”选项，出现如图 1-25 所示的界面。建议初学者选择“带 GUI 的服务器”，同时把开发工具相关的软件包也安装上，然后单击“完成”按钮。

图 1-23　“安装源”界面

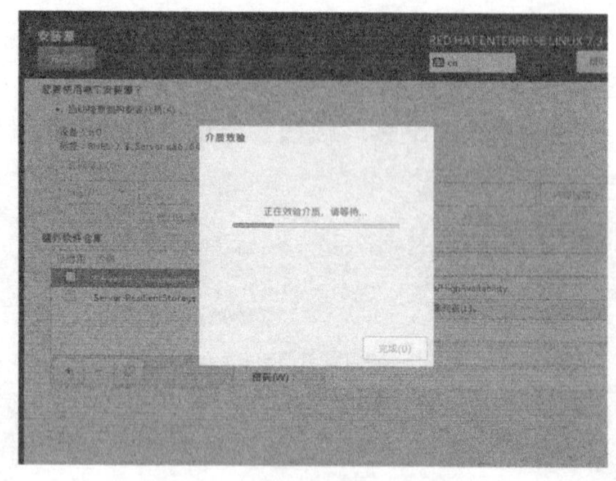

图 1-24　“介质效验”对话框

9）选择图 1-20 所示“安装信息摘要”界面中的“安装位置”选项，出现如图 1-26 所示的界面。系统默认为选择“自动配置分区”，为了符合用户的要求，在此选择“我要配置分区”，单击“完成”按钮即可。

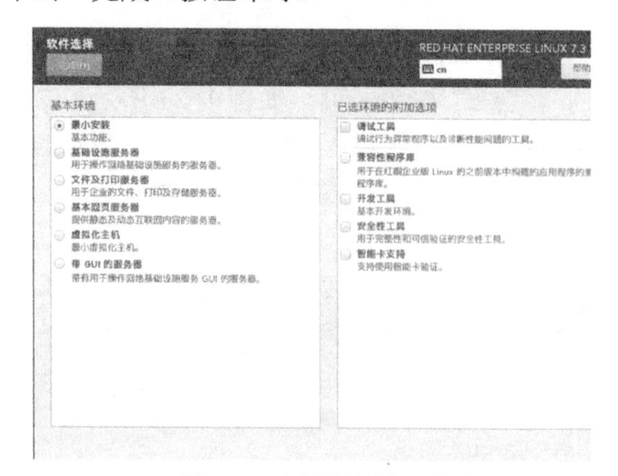

图 1-25　“软件选择”界面

图 1-26　“安装目标位置”界面

10）出现如图 1-27 所示的界面，分区方案有“标准分区”“Btrfs”“LVM”“LVM 简单配置”，在此保留默认选择“LVM”，然后单击“+”按钮创建新的分区。分区应提前规划好，一般 swap 分区为物理内存的 1.5～2 倍，/boot 分区为 500MB，/分区为 10GB，实际工作中可以创建数据分区，把数据和系统分开。

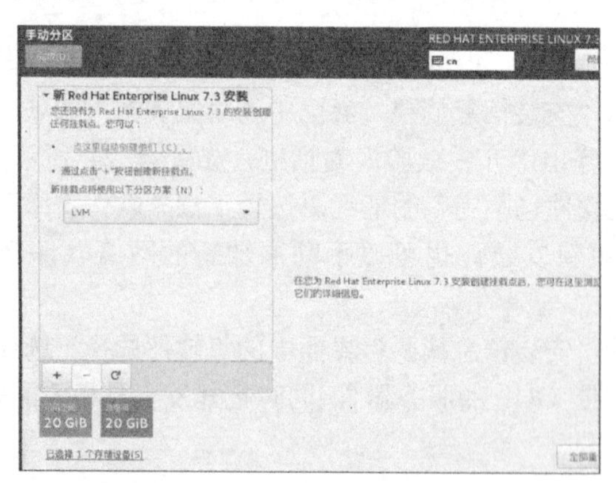

图 1-27　“手动分区”界面（1）

11）单击图 1-27 中的“+”按钮，进行分区的添加，单击“-”按钮，进行分区的删除。具体划分如图 1-28 所示，设置完成后单击“完成”按钮。

12）选择图 1-20 所示“安装信息摘要”界面中的“网络和主机名”选项，出现如图 1-29 所示的界面。开启以太网连接，将会自动获取 IP 地址，如果要手动配置，单击“配置”按钮，选择“IPV4 设置”选项卡，如图 1-30 所示，配置完成后单击“完成”按钮。

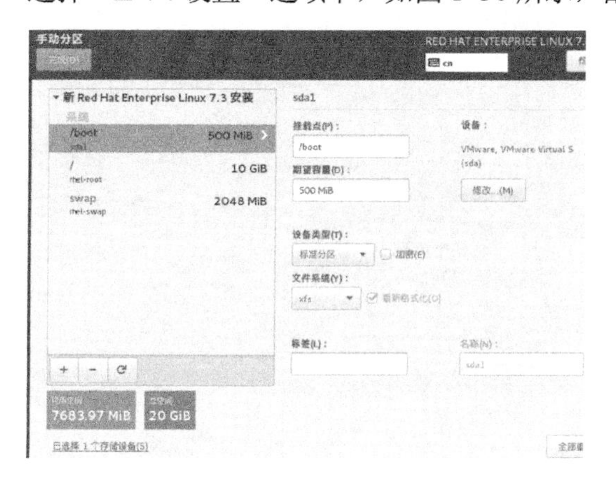

图 1-28 “手动分区”界面（2）

图 1-29 “网络和主机名”界面

13）单击“安装信息摘要”界面中的“开始安装”按钮，如图 1-31 所示，开始进行系统安装。进入安装界面后，会弹出如图 1-32 所示的“配置”界面。

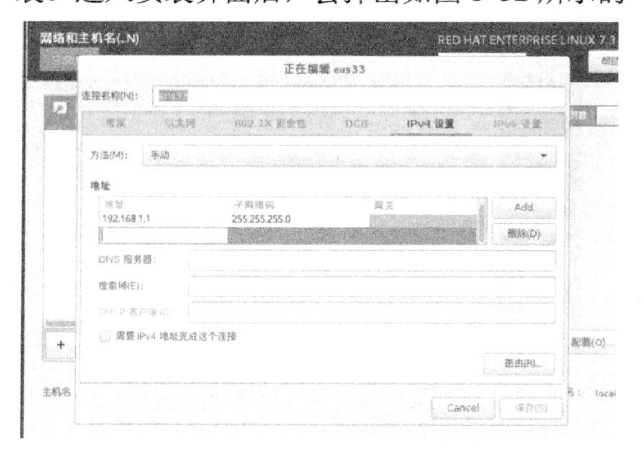

图 1-30 选择“IPv4 设置”选项卡

图 1-31 “安装信息摘要”界面

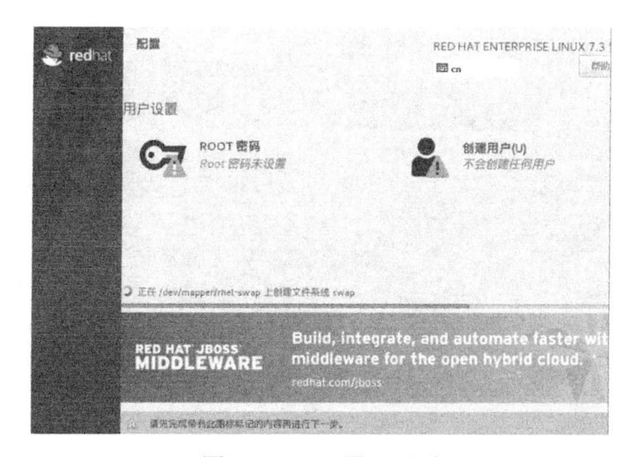

图 1-32 “配置”界面

14）选择图 1-32 中的“ROOT 密码”选项，在弹出的“ROOT 密码”界面中，可以对 root 用户设置密码。如果密码设置得过于简单，需要单击两次“完成”按钮进行确认，如图 1-33 所示。

15）选择图 1-32 中的“创建用户”选项，在弹出的“创建用户”界面中可以新建一个新用户，如图 1-34 所示。接下来进入安装过程，如图 1-35 所示。

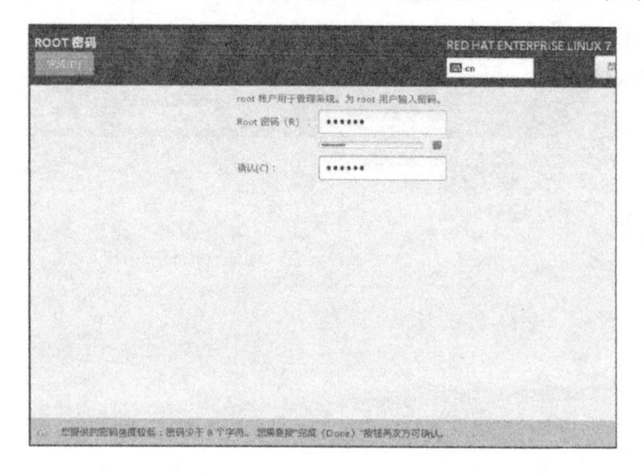

图 1-33　“ROOT 密码”界面

图 1-34　“创建用户”界面

16）安装完成后出现如图 1-36 所示的界面。

图 1-35　系统安装过程界面

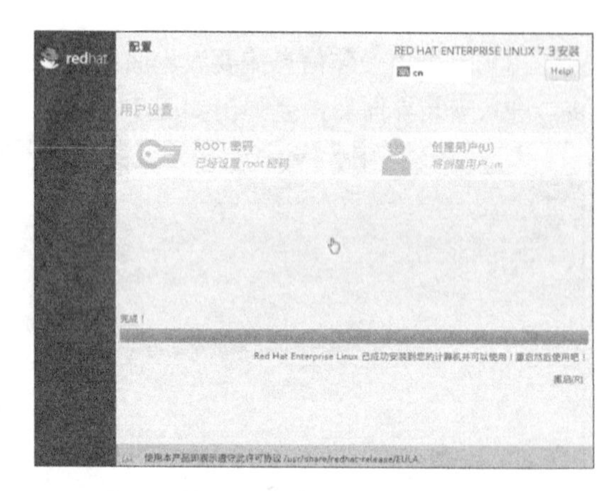

图 1-36　系统安装完成界面

17）单击“重启”按钮出现如图 1-37 所示的界面。

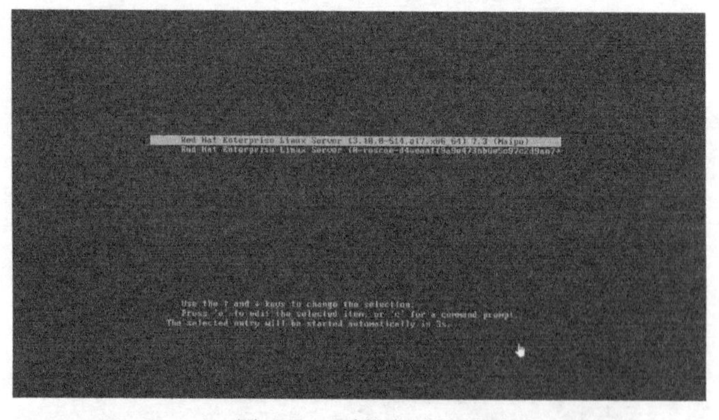

图 1-37　系统启动界面

18）首次启动系统需要进行初始化配置，然后出现如图 1-38 所示的“初始设置”界面，在此界面中进行许可设置。

图 1-38　“初始设置”界面

19）单击“LICENSE INFORMATION”选项，弹出如图 1-39 所示的“许可信息”界面。选择“我同意许可协议”复选框，接受许可证，单击“完成”按钮。

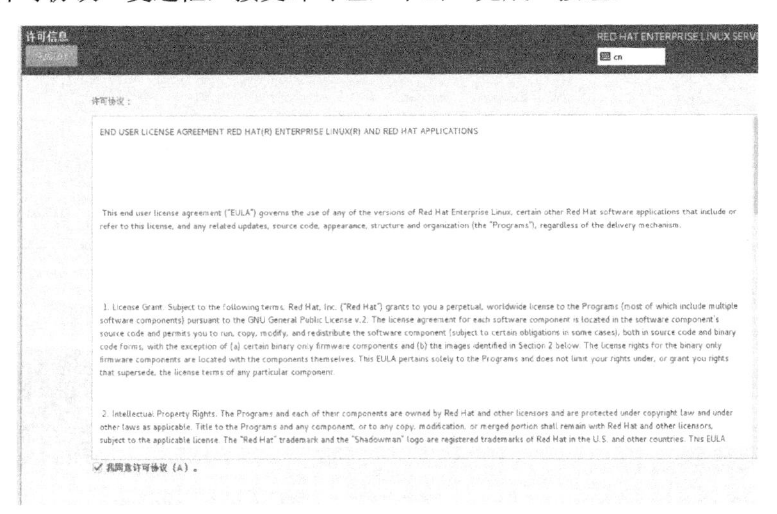

图 1-39　“许可信息”界面

20）接下来进入如图 1-40 所示的登录界面，单击“未列出?”后，输入用户名 root 与密码登录系统。

图 1-40　登录界面

21）登录系统后出现如图 1-41 所示的“欢迎”界面，进行语言选择，在此选择“汉语”。

22）单击“前进”按钮，出现如图 1-42 所示的“输入”界面。

23）单击“前进”按钮，进入“在线账号”界面，如图 1-43 所示。

24）选择账号后单击“前进”按钮，进入“准备好了”界面，如图 1-44 所示。单击“开始使用 Red Hat Enterprise Linux Server（S）”按钮，进入操作系统。

图 1-41 语言选择界面

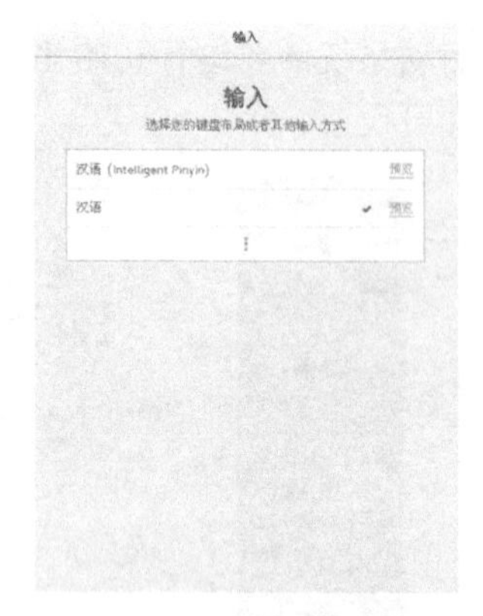

图 1-42 “输入”界面

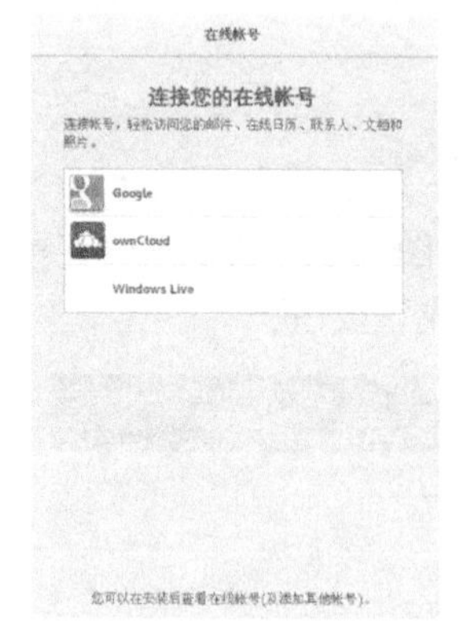

图 1-43 “在线账号”界面

图 1-44 “准备好了”界面

任务 1.4 启动与退出 Linux

1.4.1 启动并登录 Linux 操作系统

1-6 启动与退出 Linux

1. 图形界面登录

开机后，主机会自动启动 Linux 操作系统，经过自检后会出现如图 1-45 所示的登录成功后显示的界面。可以使用普通用户，也可以使用 root 账号登录。

1-7 启动与退出 Linux 操作演示

图 1-45 RHEL 7 的图形登录成功界面

2. 文本界面登录

启动 Linux 的计算机后，当出现如图 1-46 所示的界面时，说明是以文本界面的方式登录 Linux 操作系统。这时也需要输入用户名和密码才能登录到 Linux 操作系统中，如图 1-47 所示。

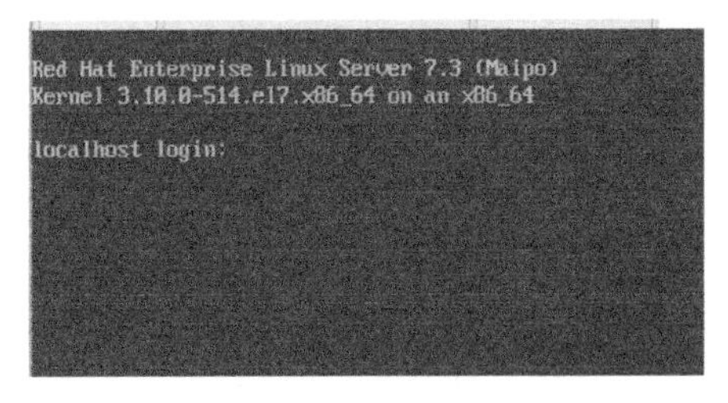

图 1-46 RHEL 7 的文本登录界面

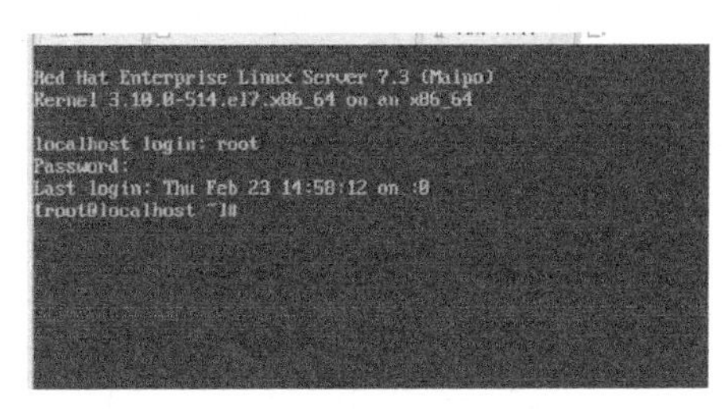

图 1-47 以文本界面登录成功后的界面

说明：为安全考虑，用户输入的密码并不显示在屏幕上。并且用户名和密码输入错误时，系统仅提示“login incorrect”，不会明确地说明是用户名输入错误还是密码输入错误。

1.4.2 注销与关闭 Linux 操作系统

1. 图形界面的注销与关机

在 Linux 的图形界面下的操作方式与 Windows 操作系统的操作方式类似。RHEL 的主菜单默认在顶部，可以根据用户的习惯进行修改。单击如图 1-48 所示的命令按钮，可以将系统进行注销。单击“关机”按钮，会出现如图 1-49 所示的界面，可以将系统进行重启或关机。

图 1-48 注销界面

图 1-49 关机或重新启动界面

“注销”用于结束本次会话，实现以不同的用户身份重新登录系统。此处的关机属于正确的关机方式，如果直接关掉电源，可能会引起一些不必要的后果，例如操作系统无法正常启动或文件丢失等问题。

2. 文本界面的注销与关机

Linux 操作系统也支持使用命令的方式进行关机或注销。

在文本界面下，执行 logout 或 exit 命令即可进行注销。还可以使用 shutdown、reboot、half、poweroff 等命令实现关机或重新启动系统。

（1）shutdown 命令

功能：shutdown 命令可以用于关闭或重新启动 Linux 操作系统，该命令仅有超级用户有权使用。

格式：shutdown [-t seconds] [参数] 时间 [警告]

主要参数：

- -t：将用于系统关闭的定时器设置为 seconds 秒。
- -r：关闭之后立即重新启动。
- -h：关闭之后停机。
- -c：取消目前已经进行的关闭操作。
- -n：快速关机，不经过 init 程序。
- -k：并非真正关机，只是给所有用户发出警告信息。

【例 1-2】 立即关闭计算机。

```
[root@localhost ~]# shutdown -h now
```

【例 1-3】 5 分钟后关闭计算机。

```
[root@localhost ~]# shutdown -h 5
```

【例 1-4】 在 23：00 时自动关闭计算机。

```
[root@localhost ~]# shutdown -h 22：00
```

【例 1-5】 立即重新启动计算机。

```
[root@localhost ~]# shutdown -r now
```

另外，还可以使用 halt 命令或 poweroff 命令进行系统的关闭操作。

（2）reboot 命令

功能：重新启动计算机。

格式：reboot [参数]

主要参数：

- -f：强制重新开机，不调用 shutdown 命令的功能。
- -i：在重新开机之前，先关闭所有网络界面。
- -n：重新开机之前不检查是否有未结束的程序。
- -w：仅做测试，并不真的将系统重新开机，只会把重新开机的数据写入/var/log 目录下的 wtmp 记录文件。

【例 1-6】 重新启动计算机。

```
[root@localhost ~]# reboot
```

1.4.3 实现虚拟机与宿主主机的切换

用户根据工作的任务不同，需要经常在虚拟机与宿主主机之间来回地进行切换，才能完成不同系统下的任务。在安装完成 VMware 虚拟机软件时，系统默认已经设置了在虚拟机与宿主主机之间进行切换的按键，如下所示。

- 〈Ctrl+Alt+Enter〉组合键：实现虚拟主机的全屏与还原。
- 〈Ctrl+Alt〉组合键：实现鼠标在虚拟机系统与宿主主机系统之间的切换。
- 〈Ctrl+Alt+Insert〉组合键：可以进入虚拟系统。

如果快捷键与其他的操作有冲突，可以进行热键修改。方法是在“VMware Station”窗口中选择“编辑”→“首选项”命令，在弹出的“首选项”对话框的左侧列表框中选择“热键”选项并进行设置，如图 1-50 所示。

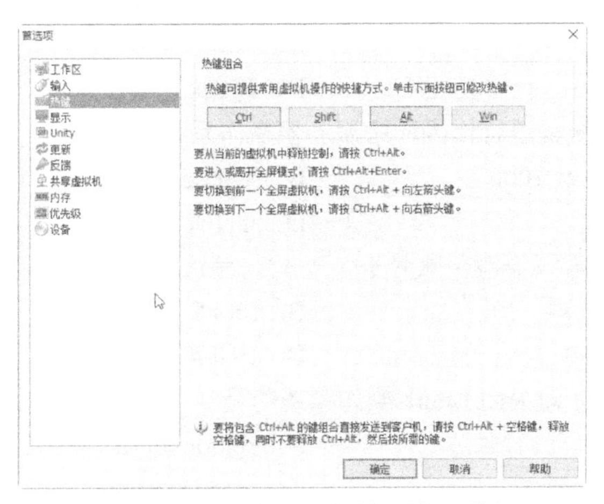

图 1-50　虚拟机中的热键设置对话框

项目小结

本项目结合企业搭建网络服务器的需求，选择了 RHEL 7 操作系统，详细地讲述了 RHEL 7 操作系统的安装过程。通过本项目的学习，学生可以掌握 RHEL 7 操作系统的安装、启动、登录与退出。

实训练习

1. 实训目的

掌握 RHEL 7 操作系统的安装。

2. 实训内容

1）安装虚拟机（VMware Workstation 12 Pro）。

2）安装 RHEL 7 操作系统。

3. 实训步骤

1）安装虚拟机（VMware Workstation 12 Pro）。

2）将 RHEL 7 的光盘放入光驱中或者准备好安装镜像包。

3）启动虚拟机，在虚拟机中安装 RHEL 7 操作系统，进行系统的安装引导过程。

4）根据安装操作的提示，完成操作系统的安装。

5）操作系统的启动、登录与退出。

6）Linux 系统的文本界面与图形界面的切换。

课后习题

一、选择题

1. 以下哪个操作系统诞生得最早？（　　）

A．Windows　　B．DOS
C．UNIX　　D．Linux

2．以下哪个操作系统最适合作为网络服务器操作系统？（　　）
A．Windows Server 2006　　B．Windows Server 2012
C．Linux　　D．UNIX

3．Linux 操作系统的默认管理员账号是（　　），登录成功后，显示的命令提示符是（　　）。
A．Administrator #　　B．root $
C．Administrator $　　D．root #

4．以下命令中用于立即关闭 Linux 操作系统的是（　　）。
A．shutdown　　B．shutdown -h
C．shutdown -h now　　D．shutdown -r

5．默认情况下，用户在使用 VMware 虚拟机时，若要全屏显示虚拟机的操作系统，可以按（　　）组合键。
A．Ctrl+Alt+Shift　　B．Ctrl+Alt+Del
C．Ctrl+Alt+Enter　　D．Ctrl+Alt

6．默认情况下，若要将鼠标从虚拟机操作系统中释放出来，可以按（　　）组合键。
A．Ctrl+Alt+Shift　　B．Ctrl+Alt+Del
C．Ctrl+Alt+Enter　　D．Ctrl+Alt

7．VMware 安装程序会在宿主主机上安装两块虚拟网上，分别为 VMware Virtual Ethernet Adapter for Vmnet1 和（　　）。
A．VMware Virtual Ethernet Adapter for Vmnet2
B．VMware Virtual Ethernet Adapter for Vmnet4
C．VMware Virtual Ethernet Adapter for Vmnet8
D．VMware Virtual Ethernet Adapter for Vmnet16

8．为 VMware 设置虚拟机内存容量时，下列哪个值不能设置？（　　）
A．357MB　　B．400MB
C．800MB　　D．512MB

二、简答题

1．简述 Linux 的内核版本与发行版本。
2．简述 Linux 操作系统有哪些主要特点。
3．安装 RHEL 操作系统需要划分哪些磁盘分区？
4．简述使用文本界面的原因。

项目2 Linux 命令行操作基础

项目学习目标

- 掌握 Linux 文件系统的目录结构
- 掌握文件类型与文件属性
- 掌握 Linux 常用命令
- 理解 Vim 编辑器的使用

案例情境

操作系统为不同的服务对象提供了两种界面，一种是用户界面，用户利用这些命令来组织和控制作业的执行，或者对操作系统进行管理。另一种是程序界面，程序使用它们来请求操作系统服务。对于 Linux 操作系统来说，根据操作方式和表示形式不同，用户接口有两种形式，分别为 CLI（Command-Line Interface，命令行界面）和 GUI（Graphical User Interface，图形用户界面）。

目前，Linux 操作系统的图形化操作已经相当成熟。在 Linux 上可采用多种图形管理程序来改变桌图案和菜单功能。但是图形用户界面还不能完成所有的系统操作，部分操作必须在命令行界面下进行。对于熟练的系统管理人员而言，命令行界面更加直接高效。在命令行界面下使用 Shell 命令可以完成操作系统的所有任务。

在学习命令行之前要先了解两点，一是命令行可以帮助用户访问上百个工具软件；二是在 Linux 命令行界面中，用户可以使用管道把工具软件结合在一起，用来执行单一工具无法完成的工作。

Linux 初学者使用命令行界面时会感觉到，与命令行界面相比较，图形用户界面具有人机交互好、图形界面更简单的特点。然而事实上，在某些任务方面，图形用户界面确实高效而且简单，但是在诸如批量地安装与处理文件等任务面前，图形界面就望尘莫及了。

Linux 是一款文本式驱动的操作系统，优点在于可以进行命令行界面操作。相比图形用户界面来说，命令行界面可以节省大量的物理内存空间，并且可以避免在图形用户界面下出现的密密麻麻的列表；同时在命令行界面可以完成相当复杂的运算。当然，也可以把图形用户界面理解成命令行的图形运算外壳。

项目需求

不论是对于 Linux 的初学者还是一个专业的 Linux 使用者，Linux 命令行都是必不可少的系统管理利器。用户需要注意的是，Linux 命令行不是单纯的一段命令，而是一种需要安装工具。

相比图形用户界面，Linux 命令行才是 Linux 操作系统的真正核心，利用 Linux 命令行可以对操作系统进行各种配置。用户要熟练并成功管理 Linux 操作系统，就必须对 Linux 命令行有深入的了解。Linux 命令行有助于初学者了解操作系统的运行情况和计算机的各种设备。比如，中央处理器、内存、磁盘驱动、各种输入和输出设备以及用户文件都是在 Linux 操作系统管理命令下运行的，可以说，Linux 命令行对整个系统的运行以及设备与文件之间的协调都具有核心的作用。

实施方案

虽然近些年个人计算机的潮流已经从命令行转向了图形界面方向，用户也热衷于图形界面的应用，但是在服务器应用与高级别使用上 Linux 命令行依然是核心应用。这取决于在命令行界面下的操作具有更好的稳定性与安全性。要掌握 Linux 命令行操作，需要循序渐进地学习以下内容。

- Linux 命令特点。
- Shell。
- Shell 命令的一般格式。
- Bash Shell 的使用。
- 常用 Linux 命令。
- Linux 文件系统。
- Linux 文件系统的目录结构。
- Linux 文件类型与文件属性。

任务 2.1 Linux Shell

2.1.1 Shell 的概念

2-1
Shell 的概念

Linux 由内核（Kernel）、外壳程序（Shell）、实用程序（Utility）和应用程序（Application）构成。Linux 操作系统的 Shell 作为操作系统的外壳，为用户提供使用操作系统的接口。它是命令语言、命令解释程序及程序设计语言的统称。Shell 是用户和 Linux 内核之间的接口程序，它负责从输入设备读取命令，再将其转为计算机可以了解的机械码，然后执行。用户输入的每个命令都要经过 Shell 的解析才可以执行。

Linux 中的 Shell 是一个用 C 语言编写的程序。作为命令语言解释器，它拥有自己内建的命令集。它遵循一定的语法，将输入的命令加以解释并传给 Linux 内核。Linux 将 Shell 独立于核心程序之外，在不影响操作系统的情况下，Shell 自身可以进行修改、更新版本或添加新功能。Shell 是使用 Linux 操作系统的主要环境，是一个命令解释器，可以用来启动、挂起、停止程序。在/etc 目录下的 shells 文件中列出了系统中可以接受的 shell 列表。Shell 的学习和使用是学习 Linux 不可或缺的一部分。

Shell 主要有三种，分别是 Bourne Shell（AT&T Shell，在 Linux 下是 BASH）、C Shell（Berkeley Shell，在 Linux 下是 TCSH）和 Korn Shell（Bourne Shell 的超集）。三种 Shell 在交互

模式下的表现类似，但作为命令文件语言时，各自的语法和执行效率就有些不同了。

Bourne Shell 是标准的 UNIX Shell，常被用于管理系统。Bourne Shell 由 AT&T 发展而来，以简洁、快速闻名，是大多数 Linux 操作系统默认的 Shell。Bourne Shell 提示符号的默认值是$。

C Shell 是柏克莱大学开发的，且增加了一些新特性。对于常在交互模式下执行 Shell 的使用者而言，他们比较喜爱使用 C Shell。C Shell 提示符号的默认值是%。

Korn Shell 是 Bourne Shell 的超集，由 AT&T 的 Dxdyid Korn 开发，增加了一些特性，比 C Shell 更为先进。Korn Shell 提示符号的默认值是$。

在 Linux 操作系统图形用户界面中打开终端的方式有以下两种：一种是在桌面上依次单击“主程序”→“系统工具”→“终端”；另一种是在 Linux 桌面上单击鼠标右键，从弹出的快捷菜单中选择“终端”命令。

在 Linux 操作系统命令行界面中，用户登录直接出现命令提示符“#”或“$”。

2.1.2 Shell 的功能

Linux 命令行区分大小写。Shell 为用户提供了使用操作系统的接口，承担着用户与操作系统内核之间进行沟通的任务，在命令行中，可以输入命令来执行相关的操作。除此之外，Shell 还具有以下功能。

1. 查阅历史记录

在 RHEL 中，每当用户输入命令并按下〈Enter〉键后，该命令都会被记录在命令记录表中，当用户需要再次执行该命令时，不用再次输入，可以直接调用。默认情况下，Shell 使用的命令记录表文件为用户主目录下的.bash_history 文件（文件名前面的“.”表示这是一个隐藏文件），每当用户退出登录或关机后，本次操作中使用过的所有 Shell 命令就会被追加保存在该文件中。可以使用环境变量 HISTSIZE 来定义命令记录表中记录的条数，BASH 默认最多保存1000 条 Shell 命令历史记录。

命令历史记录的调用方法：使用〈↑〉、〈↓〉、〈PgUp〉或〈PgDn〉键，在 Shell 命令提示后将出现执行过的命令。直接按〈Enter〉键就可以再次执行这一命令，也可以对命令进行编辑后再按〈Enter〉键执行。

1）利用 history 命令查看 Shell 命令的历史记录，然后调用执行过的 Shell 命令。

命令格式：history [数字]

命令功能：查看 Shell 命令的历史记录。若不使用数字参数，则查看所有 Shell 命令的历史记录。若使用数字参数，则查看最近执行的指定数量的 Shell 命令。图 2-1 为查看最近执行的10 条 Shell 命令。

2）再次执行执行过的 Shell 命令。

命令格式：! 序号

命令功能：执行指定序号的 Shell 命令，而“!!”命令可执行刚执行的 Shell 命令，如图 2-2所示。

不同的用户登录其终端的提示符不同，超级用户的提示符是#；一般用户的提示符是$。由于 root 用户权限很大，为防止误操作损坏系统，管理员通常以一个普通用户身份登录，进行日常维护，当需要操作一些只有管理员才有权操作的命令时，就可使用 su 命令，临时切换到管理员身份，以获得管理员级的权限。 使用完毕后，可通过执行 exit 命令，回到原来的普通用户身份。

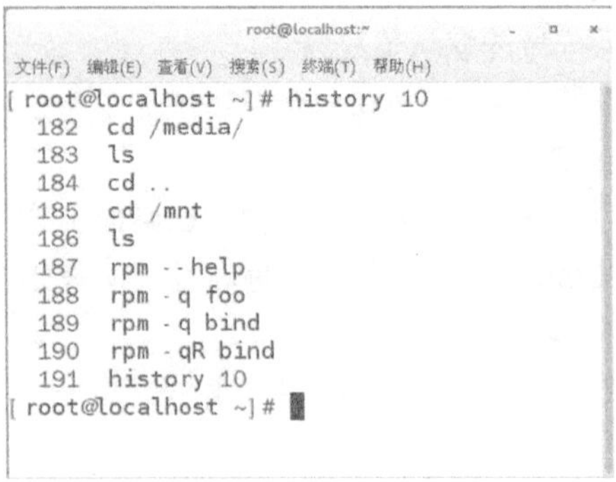
root@localhost:~
文件(F) 编辑(E) 查看(V) 搜索(S) 终端(T) 帮助(H)
[root@localhost ~]# history 10
182 cd /media/
183 ls
184 cd ..
185 cd /mnt
186 ls
187 rpm --help
188 rpm -q foo
189 rpm -q bind
190 rpm -qR bind
191 history 10
[root@localhost ~]#

图 2-1　用 history 命令查看历史记录

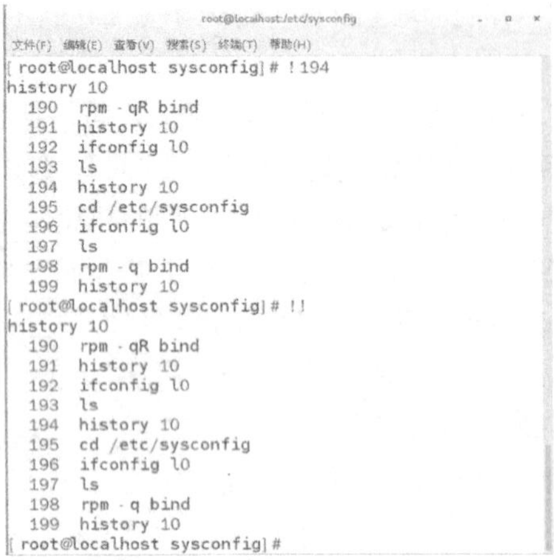
root@localhost:/etc/sysconfig
文件(F) 编辑(E) 查看(V) 搜索(S) 终端(T) 帮助(H)
[root@localhost sysconfig]# !194
history 10
190 rpm -qR bind
191 history 10
192 ifconfig lo
193 ls
194 history 10
195 cd /etc/sysconfig
196 ifconfig lo
197 ls
198 rpm -q bind
199 history 10
[root@localhost sysconfig]# !!
history 10
190 rpm -qR bind
191 history 10
192 ifconfig lo
193 ls
194 history 10
195 cd /etc/sysconfig
196 ifconfig lo
197 ls
198 rpm -q bind
199 history 10
[root@localhost sysconfig]#

图 2-2　执行历史记录中的命令

2. 输入/输出重定向

执行一个 shell 命令时可能引起两方面的问题。第一，用户输入的数据只能用一次，下一次还想使用这些数据时，需要重新输入；第二，输出到屏幕上的信息只能看不能改，无法对输出信息做更多处理。为了解决上述问题，Linux 操作系统为输入/输出的传送引入了输入/输出重定向。

（1）输入重定向

输入重定向是指把命令（或可执行程序）的标准输入重定向到指定的文件，也就是说，输入可以不来自键盘，而是来自一个指定的文件，用“<”符号来实现。输入重定向主要用于改变一个命令的输入源，特别是改变那些需要大量输入的输入源。

（2）输出重定向

输出重定向是指命令执行的结果不在标准输出（屏幕）上显示，而是保存到某一文件中。Shell 通过符号“>”来实现输出重定向功能。

例如：

```
[root@localhost ~]# ls  -la  >list
```

文件及子目录的详细信息通过重定向符号“>”保存到后面跟随的文件 list 之中，该文件并不需要预先创建，输出重定向能够将命令输出的结果保存到指定的文件中。若文件已存在，则其原有内容将被覆盖。

（3）附加输出重定向“>>”

附加输出重定向的功能与输出重定向基本相同。两者的区别在于：附加输出重定向将输出内容添加在原来文件已有内容的后面，而不会覆盖原有内容。Shell 通过符号“>>”来实现附加输出重定向功能。

例：使用“>>”向 text1 文件中添加内容。执行状态图 2-3 所示。

3. 命令补全功能

在 Linux 命令行中，可以先输入命令的前几个字母，然后按〈Tab〉键，系统将自动补全该命令，或者显示出所有和输入字母相匹配的命令。也就是说，按〈Tab〉键时，如果系统只找到一个与输入相匹配的目录或文件，则自动补全；若没有匹配的内容或有多个相匹配的名字，系统将发出警鸣声，再按一下〈Tab〉键将列出所有相匹配的内容（如果有的话），以供用户选择。比如在命令提示行上输入 mou，然后按〈Tab〉键，系统将自动补全该命令为 mount；若输入 mo，然后按〈Tab〉键，此时发出警鸣声，再次按〈Tab〉键，系统将显示出所有以 mo 开头的命令。

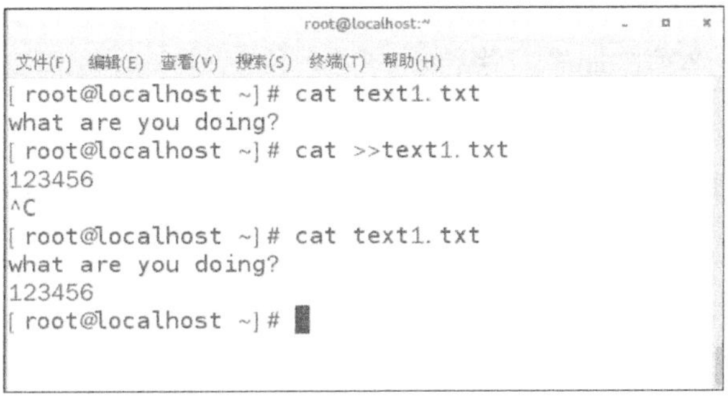

```
root@localhost:~
文件(F) 编辑(E) 查看(V) 搜索(S) 终端(T) 帮助(H)
[root@localhost ~]# cat text1.txt
what are you doing?
[root@localhost ~]# cat >>text1.txt
123456
^C
[root@localhost ~]# cat text1.txt
what are you doing?
123456
[root@localhost ~]#
```

图 2-3 附加输出重定向演示

4. 管道机制（|）

Linux 提供的管道机制可以将多个命令集成到一起，形成一个管道流，将前一条命令的结果作为后一条命令的输入，用来执行较为复杂的任务。除了第一条和最后一条命令之外，每条命令的输入都是前一条命令的输出，而每条命令的输出也将成为下一条命令的输入，从左到右依次执行每条命令。利用“ | ”符号可实现管道功能。

例如 ls --help |more，该命令首先执行“ls --help”命令，显示 ls 命令的详细帮助信息，这一结果通过管道传递给 more 命令，由 more 命令来实现分屏查看。

5. 别名功能

所谓别名是按照 Shell 命令的标准格式所写的命令行的缩写，用来减少键盘的输入。用户只要输入别名命令，就可以执行 Shell 命令。alias 命令可查看和设置别名。

命令格式：alias {别名＝‘标准 shell 命令行’}

命令功能：查看和设置别名。

无参数的 alias 命令可查看用户能使用的所有别名命令，以及其对应的标准 Shell 命令，如图 2-4 所示。

```
root@localhost:~
文件(F) 编辑(E) 查看(V) 搜索(S) 终端(T) 帮助(H)
[root@localhost ~]# alias
alias cp='cp -i'
alias egrep='egrep --color=auto'
alias fgrep='fgrep --color=auto'
alias grep='grep --color=auto'
alias l.='ls -d .* --color=auto'
alias ll='ls -l --color=auto'
alias ls='ls --color=auto'
alias mv='mv -i'
alias rm='rm -i'
alias which='alias | /usr/bin/which --tty-only --read-alias --show-dot --show-tilde'
[root@localhost ~]#
```

图 2-4 查看别名

使用带参数的 alias 命令，可设置用户的别名命令。在设置别名时，“＝”两边不能有空格，并在标准 Shell 命令行的两端使用单引号。利用 alias 命令设置的别名命令，其有效期截止到用户退出登录。如果希望别名命令在每次登录时都有效，就应该将 alias 命令写入用户主目录下的.bashrc 文件中。

Shell 规定：当别名命令与标准 Shell 命令同名时，优先执行别名命令。如果要使用标准的 Shell 命令，需要在命令名前添加“\”字符。

6. 特殊字符（？、*、[ ]、`、；、#）

在 Shell 环境下，某些字符和字符串组合具有特殊的意义，可以方便用户操作。大多数操作系统也具有这样的机制。各符号的具体功能见下文讲解。

（1）通配符*、?、[ ]、！

Linux 系统中常用的通配符有三种，分别是*、？和[ ]。在进行字符串查找时，可以使用通配符代替其他字符或字符串。

- *可以代替任意长度的任何字符，但*不能代替文件主文件名和扩展名间的.。
- ？可以代替任何一个字符。
- [ ]用于指定一个字符查找范围，可以通过枚举直接列出匹配的字符，也可以由起始字符、“-”、终止字符指定字符范围。如果使用！，则表示不在指定范围之内的其他字符。实例演示如图 2-5 所示。

```
root@localhost:/etc
文件(F) 编辑(E) 查看(V) 搜索(S) 终端(T) 帮助(H)

[root@localhost ~]# cd /etc
[root@localhost etc]# ls -l s*.conf
-rw-r--r--. 1 root root   216 8月  26 2016 sestatus.conf
-rw-r--r--. 1 root root 12589 6月  28 2016 slp.conf
-rw-r--r--. 1 root root   156 6月  23 2016 softhsm2.conf
-rw-r--r--. 1 root root   100 9月   9 2016 sos.conf
-rw-r-----. 1 root root  1786 7月  19 2016 sudo.conf
-rw-r-----. 1 root root  3181 7月  19 2016 sudo-ldap.conf
-rw-r--r--. 1 root root   449 9月  12 2016 sysctl.conf
[root@localhost etc]# ls -l ?u*.conf
-rw-r--r--. 1 root root 13386 5月  25 2016 autofs.conf
-rw-------. 1 root root   232 5月  25 2016 autofs_ldap_auth.conf
-rw-r--r--. 1 root root    38 5月  19 2016 fuse.conf
-rw-r--r--. 1 root root    91 12月  3 2012 numad.conf
-rw-r-----. 1 root root  1786 7月  19 2016 sudo.conf
-rw-r-----. 1 root root  3181 7月  19 2016 sudo-ldap.conf
-rw-r--r--. 1 root root   813 9月  19 2016 yum.conf
[root@localhost etc]# ls -l [a-c]*.conf
-rw-r--r--. 1 root root    55 6月   6 2016 asound.conf
-rw-r--r--. 1 root root 13386 5月  25 2016 autofs.conf
-rw-------. 1 root root   232 5月  25 2016 autofs_ldap_auth.conf
-rw-r--r--. 1 root root 21929 5月   6 2016 brltty.conf
-rw-r--r--. 1 root root   676 6月  23 2016 cgconfig.conf
-rw-r--r--. 1 root root   265 9月   7 2018 cgrules.conf
-rw-r--r--. 1 root root   131 6月  23 2016 cgsnapshot_blacklist.conf
-rw-r--r--. 1 root root  1157 6月  28 2016 chrony.conf
[root@localhost etc]#
```

图 2-5 通配符的使用

（2）命令取代符`

由两个命令取代符`符号包围的命令是该命令行中首先被执行的命令。例如，echo `date`命令，首先执行 date 命令，然后使用 echo 来显示 date 命令的结果，而不是显示字符串 date，如图 2-6 所示。

```
root@localhost:~
文件(F) 编辑(E) 查看(V) 搜索(S) 终端(T) 帮助(H)
[root@localhost ~]# echo `date`
2021年 03月 18日 星期四 09:06:15 CST
[root@localhost ~]#
```

图 2-6 命令取代符的使用

（3）命令分隔符;

如果需要执行一连串的命令，可以一次输入这些命令，并在命令间使用命令分隔符;分隔，Linux 的 Shell 会依次解释并执行这些命令。

例如在/root 目录下，想执行命令 cd /etc 和 ls –l c*.conf 来查看/etc 下以 c 开头的 conf 文件，直接在提示符下输入 cd /etc;ls –l c*.conf 就可以按顺序执行两条命令，如图 2-7 所示。

```
root@localhost:/etc
文件(F) 编辑(E) 查看(V) 搜索(S) 终端(T) 帮助(H)
[root@localhost etc]# cd /etc;ls -l c*.conf
-rw-r--r--. 1 root root  676 6月  23 2016 cgconfig.conf
-rw-r--r--. 1 root root  265 9月   7 2018 cgrules.conf
-rw-r--r--. 1 root root  131 6月  23 2016 cgsnapshot_blacklist.conf
-rw-r--r--. 1 root root 1157 6月  28 2016 chrony.conf
[root@localhost etc]#
```

图 2-7　命令分隔符的使用

（4）注释符#

注释符#通常用在 Linux 的 Shell 脚本程序或应用程序的配置文件中，以#开头的行为注释行，Shell 在解释该脚本程序时不会执行该行内容。

7. 后台处理（&）

RHEL 是一个支持多任务的操作系统，它允许多个用户同时登录系统，也允许同时执行多个程序。但如果 Shell 使用的是交互式处理模式，则目前执行的程序会一直掌握系统的控制权，直到该程序结束为止，这类程序称为前台程序（Foreground）。Shell 采用的这种由前台程序接管系统控制权的模式，使有需求的用户无法使用 Linux 提供的多任务功能来提高效率。因此，Shell 提供了后台处理功能来解决上述问题。

在后台任务执行期间，用户仍然可以和 Shell 继续交互，以执行其他命令。要在 Linux 中使用后台处理功能，只需要在输入命令的时候，在命令后面加上&符号即可，此时，系统就会以后台的方式执行该命令，屏幕将显示在后台运行的程序的进程号（PID）。然后，Shell 将回到命令提示符状态，以等待用户输入下一条命令。图 2-8 为在后台运行 top 命令，当后台命令执行完毕后，系统将通知用户。

```
root@localhost:/etc
文件(F) 编辑(E) 查看(V) 搜索(S) 终端(T) 帮助(H)
[root@localhost etc]# top&
[5] 18413
```

图 2-8　在后台运行 top 命令

当前某个任务在前台运行之后，就无法使用&将它投入后台运行。此时可以先使用〈Ctrl+Z〉组合键暂停该任务的执行，然后在命令提示符下输入 bg 命令，即可将该任务投入后台执行。若要查看目前系统中正在运行的后台程序，可以使用 jobs 命令。

2.1.3　Shell 命令格式

成功登录 Linux 命令行界面后，将出现 Shell 命令提示符，其具体结构如下。

```
[已登录的用户名@计算机的主机名  当前目录名]#($)
```

其中，#是超级用户提示符，$是普通用户提示符。

在 Shell 命令提示符后，用户可输入相关的 Shell 命令。Shell 命令可由命令名、选项和参数三个部分组成，其基本格式如下所示，其中方括号[ ]表示可选部分。

命令名 [选项] [参数] ↓

说明：

- 命令名是描述该命令功能的英文单词或缩写，在 Shell 命令中，命令名必不可少，并且总是放在整个命令行的起始位置。
- 选项是执行该命令的限定参数或功能参数。同一命令采用不同的选项，具有不同功能。选项可以有一个、多个或零个。选项通常以-符号开头，当有多个选项时，可以只使用一个-符号，如 ls -l -a 等同于 ls -la。另外，部分选项以--开头，还有少数命令的选项不需要-符号。
- 参数是执行该命令所必需的对象，如文件、目录等。
- ↓ 表示回车符。任何命令行都必须以回车符结束。

例如关机命令 shutdown -r now 中，shutdown 是命令，-r 是选项，now 是参数。

命令格式：shutdown [-r] [-h] [-c] [-k] [[+]时间]

说明：

- -r：表示将系统关闭后重新启动。
- -h：表示将系统关闭后终止而不重新启动。
- -c：取消最近一次运行的 shutdown 命令。
- -k：只发出警告信息而不真正关闭系统。
- [+]时间："+时间"表示过指定时间后关闭系统，而"时间"表示在指定时间关闭系统，时间可以是 13:00 或 now 等。

例如：shutdown -r now 表示马上关闭系统并重新启动。shutdown -h +10 表示 10 分钟后关闭系统并终止。

在 Linux 中，绝对不要直接关机或直接按主机面板上的〈Reset〉键重新启动计算机。一般应先用 shutdown 命令关闭系统，然后再关机或重新启动计算机。可以用〈Ctrl+Alt+Del〉组合键重新启动计算机。

Shell 命令编写规则如下。

- 命令名、选项与参数之间，参数与参数之间都必须用空格分隔。Shell 能够自动过滤多余空格，连续空格会被当成一个空格。
- Linux 系统严格区分英文字母的大小写，大小写的同一字母被看作不同的符号。因此，无论是 Shell 的命令名、选项还是参数都必须注意大小写。

任务 2.2 管理 Linux 文件和目录

Linux 文件系统中的文件是数据的集合，文件系统不仅包含文件中的数据而且包含文件系统的结构，所有 Linux 用户看到的文件、目录、软链接及文件保护信息等都存储在其中。

2-3 Linux 系统的目录结构

2.2.1 了解 Linux 文件系统的目录结构

Linux 采用独立文件系统存取方式，不使用设备标识符，而是以文件目录的方式来组织和管理系统中的所有文件。即将所有的文件系统连在唯一的根目录（/）下形成树形组织结构，Linux 操作系统按树形目录结构组织和管理系统的所有文件。在树形结构中，“根”或“树杈”被称为“目录”或“文件夹”，而“叶子”则是文件。Linux 遵循文件系统层次标准（Filesystem Hierarchy Standard，FHS），采用标准的树形目录结构，如图 2-9 所示。

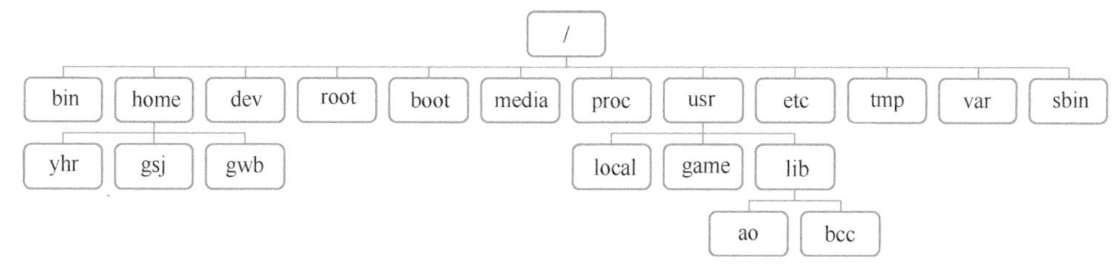

图 2-9　Linux 树形目录结构

实际上，每个目录结点之下都会有一些文件和目录，并且系统在建立每一个目录时，都会自动为它设定两个目录文件，一个是“.”，代表该目录自己；另一个是“..”，代表该目录的父目录。对于根目录而言，“.”和“..”都代表其自身。

常用的基本目录如下所示。

- /：处于树形结构的最顶端，是 Linux 文件系统最顶层的唯一的目录，也是 Linux 文件系统的入口，所有的目录、文件、设备都在“/”之下。
- /bin：存放所有用户都可以使用的 Linux 基本操作命令，如 date、chmod 等。
- /home：默认存放用户的宿主目录（除了 root 用户）。
- /dev：设备文件目录，虚拟文件系统，不论是使用的或未使用的设备，只要有可能使用到，就会在/dev 中建立一个相对应的设备文件。如 cdrom 为光盘设备。
- /root：管理员 root 的宿主目录。
- /boot：存放开机启动加载程序的核心文件（如 kernel 和 grub）。
- /media：移动存储设备默认挂载点（如光盘）。
- /proc：虚拟文件系统，存放系统中有关进程的运行信息，由内核在内存里产生，有专属的文件系统，此目录下不能建立和删除文件。
- /usr：安装除操作系统本身外的一些应用程序或组件，一般情况下，Linux 系统上安装的应用程序默认都安装在此目录中。
- /etc：主机、系统或网络配置文件存放目录。
- /tmp：临时文件存放区域。
- /var：动态文件或数据存放目录，默认日志文件都存放在这个目录下，建议单独划分一个分区。
- /sbin：系统管理相关的二进制文件存放在这个目录下（多数管理命令默认只有管理员可以使用）。

2.2.2　认识 Linux 文件类型与文件属性

1. Linux 文件类型

为了便于管理和识别不同的文件，Linux 操作系统将文件分成四大类型：普通文件、目录文件、设备文件及链接文件。

（1）普通文件

普通文件也称作常规文件，是用户最常用的文件类型，可分为文本文件和二进制文件。文本文件以文本的 ASCII 编码形式存储，Linux 中的配置文件大多是文本文件。二进制文件直接以文本的二进制形式存储，一般是可执行的程序、图形、图像和声音等文件。

（2）目录文件

目录文件简称目录，是一类特殊的文件，利用它可以构成文件系统的分层树形结构，主要存储一组相关文件的位置、大小等信息。

（3）设备文件

设备文件是存放 I/O 设备信息的文件。在 Linux 操作系统中，所有设备都作为一类特别文件对待，用户像使用普通文件那样对设备进行操作，从而实现设备无关性。

（4）链接文件

链接文件可分为硬链接文件和符号链接文件。硬链接文件保留所链接文件的索引节点（磁盘的具体物理位置）信息，即使被链接文件更名或者移动，硬链接文件仍然有效。Linux 要求硬链接文件和被链接文件必须属于同一分区并采用相同的文件系统。

符号链接文件类似于 Windows 中的快捷方式，如果被链接文件更名或者移动，符号链接文件就失去链接作用。

2. 文件名与文件类型

文件名是识别文件的唯一标识符，Linux 文件名遵循以下规则。

- 除“/”以外的所有字符都可使用，但为了便于用户尽快识别文件，尽量不使用以下特殊符号：* ? $ # @ ! % ^ & * ( ) [ ] { } ’ < > \ ” ` |。
- 严格区分大小写字母，可使用长文件名。
- 文件尽量以能使用代表文件内容和类型的名字命名。

Linux 系统不强调主文件名和扩展名，但是数据文件通常还是使用“文件主名.扩展名”格式命名，并遵循一定的扩展名规则，使用户看到文件就知道是什么类型的文件。其中常用的系统文件有 RPM 软件包文件（.rpm）、系统配置文件（.conf 或.cfg）；归档和压缩文件有 zip 压缩文件（.zip）、归档文件（.tar）、gzip 命令产生的压缩文件（.gz）、bzip2 命令产生的压缩文件（.bz2）；程序和脚本文件有 C/C++语言源程序代码文件（.c/.cpp）、Shell 脚本文件（.sh）、程序对象文件（.o）等。

3. 文件属性

Linux 为系统中的文件（或目录）赋予了两个属性，即访问权限和文件所有者，简称为“权限”和“归属”。其中，访问权限包括读取、写入、可执行三种基本类型，归属包括属主（拥有该文件的用户账号）和属组（拥有该文件的组账号）。

文件在创建时会自动把该文件的读写权限分配给其属主，使用户能够显示和修改该文件。文件的访问权限可以用 chmod 命令来重新设定，可以利用 chown 命令来更改某个文件或目录的归属。

（1）设置文件或目录的权限

chmod 命令可以设置文件或目录的权限，在设置针对每一类用户的访问权限时，可以采用两种权限表示方法：字符形式和数字形式。r、w、x 权限字符可分别表示为八进制数字 4、2、

1，表示一个权限组合时需要将数字进行累加。例如，rwx 采用数字形式表示成 7，rx 采用数字形式表示成 5；而 rwxr-xr-x 由三个权限段组成，因此可以表示成 755，rw-r--r--可以表示成 644。

字符命令格式：chmod [ugoa…] [+-=] [rwx] 文件或目录…

数字命令格式：chmod nnn 文件或目录…

说明：

- ugoa 表示该权限设置所针对的用户类别，u 代表文件属主，g 代表文件属组内的用户，o 代表其他任何用户，a 代表所有用户（u、g、o 的总和）。
- “+-=”表示设置权限的操作，+代表增加相应权限，-代表减少相应权限，“=”代表仅设置对应的权限。
- rwx 是权限的字符组合形式，也可以拆分使用，如 r、rw 等。
- nnn 为具体权限值。

【例 2-1】 去除/bin/mkdir 文件的 x 权限。重设 mkdir 文件的权限，为属主用户添加执行权限，去除其他用户的读取权限。最后重设 mkdir 文件的访问权限，恢复为 rwxr-xr-x。

```
[root@localhost ~]# chmod ugo-x /bin/mkdir
[root@localhost ~]# chmod u+x,o-r /bin/mkdir
[root@localhost ~]# chmod 755 /bin/mkdir
```

（2）设置文件或目录的归属

chown 命令可以同时修改文件或目录的属主和属组。

命令格式：chown [参数] 属主[:[属组]] 文件或目录…

参数说明：

- -R/r：指定目录下的文件及其子目录下所有文件的属主。
- -c：文件属主改变时显示说明。

该命令中，可以同时设置属主和属组信息，之间用冒号:分隔，也可以只设置属主或属组，单独设置属组信息时，要使用“:组名”的形式进行区别。

【例 2-2】 将 mkdir 文件的属主更改为 linux 用户。

```
[root@localhost ~]# ls -l /bin/mkdir
[root@localhost ~]# chown linux /bin/mkdir
[root@localhost ~]# ls -l /bin/mkdir
```

2.2.3 使用 Linux 文件操作命令

1. 查看文件与目录

2-5
Linux 文件操作命令-1

（1）ls 命令

在 Linux 系统中，ls 命令可能是最常执行的，因为用户随时都要知道文件或目录的相关信息。不过，Linux 文件所记录的信息实在是太多了，没有必要全部都列出来。所以，只使用 ls 时，默认只显示非隐藏文件的文件名，以文件名进行排序及文件名的颜色显示。举例来说，执行命令 ls /etc 之后，只显示经过排序的文件名，以蓝色显示目录，以白色显示普通文件。

如果还要加入其他显示信息，可以加入前面提到的哪些参数呢？例如，用 -l 显示长数据内容，用-a 将隐藏文件也一起显示出来。 以下为 ls 命令格式及常用参数说明。

命令格式：[root@linux ~]# ls [参数]目录名

参数说明：

- -a：全部文件，连同隐藏文件（开头为 . 的文件）一起列出来。
- -A：全部文件，连同隐藏文件一起列出来，但不包括 . 与 .. 这两个目录。
- -d：仅列出目录本身，而不是列出目录内的文件数据。
- -f：直接列出结果，而不进行排序（ls 默认会以文件名排序）。
- -F：根据文件、目录等信息，附加数据结构，例如， *表示可执行文件；/表示目录；=表示套接字文件；|表示 FIFO 文件。
- -h：列出文件大小（例如 GB、KB 等）。
- -i：列出 inode 的位置，而非列出文件属性。
- -l：列出长数据串，包含文件的属性等。
- -n：列出 UID 与 GID 而非用户与用户组的名称（UID 与 GID 会在账号管理提到）。
- -r：将排序结果反向输出，例如，原本按文件名由小到大排列，反向后则为按文件名由大到小排列。
- -R：连同子目录内容一起列出来。
- -S：按文件大小排序。
- -t：按时间排序。

【例 2-3】 用 ls 命令查看文件与目录。

```
[root@localhost ~]# ls  /usr/bin
[root@localhost ~]# ls  -l
```

ls 的用法还有很多，包括查看文件所在 i-node 的 ls-i 参数，以及用来进行文件排序的-S 参数等。这些参数之所以存在，是因为 Linux 文件系统记录了很多有用信息。Linux 的文件系统中，与权限、属性有关的数据放在 i-node 里，用户可以查阅相关资料对此进行更深入的学习。

ls 最常用的参数是-l，为此，很多版本默认 ll（L 的小写）为 ls -l 的缩写。其实，这是 Bash Shell 的别名功能。也就是说，直接输入 ll 就相当于输入“ls -l”。

（2）file 命令

命令功能：用于查看文件的类型，可以根据文件的内部存储结构来进行判别。

命令格式：file 文件名

【例 2-4】 查看 ls 命令程序的文件类型。

```
[root@localhost ~]# file /bin/ls
/bin/ls: ELF 32-bit LSB executable, Intel 80386, version 1 (SYSV), for GNU/Linux 2.6.9, dynamically linked (uses shared libs), for GNU/Linux 2.6.9, stripped
```

【例 2-5】 查看 etc/resolv.conf 文件的类型。

```
[root@localhost ~]# file  /etc/resolv.conf
/etc/resolv.conf: ASCII text
```

2．显示文件内容命令

（1）cat 命令

cat 命令通常用于查看内容不多的文本文件，长文件会因为滚动太快而无法阅读。（cat 命令相当于 DOS 的 type 命令）

【例 2-6】 设当前目录下有两个文件 text1、text2，通过下列命令了解 cat 命令的使用。

```
[root@localhost ~]# cat  text1
[root@localhost ~]# cat  text1  text2>text3
[root@localhost ~]# cat  text3|more
```

cat 命令后面可以指定多个文件或使用通配符，以实现依次显示多个文件的内容。比如，依次显示 root 下 A.txt 和 B.txt 两个文件的内容的命令如下。

```
[root@localhost ~]# cat  /root/A.txt   B.txt
```

另外，cat 命令还可以创建新文件或将几个文件合并成一个文件。比如：

```
[root@localhost ~]# cat >1.txt 创建一个 1.txt 的新文件
[root@localhost ~]# cat  A.txt  B.txt  >2.txt  //把A.txt , B.txt 合并为2.txt
```

cat 命令用于显示文本内容时，加选项 -n 可以在显示时加上行编号。

```
[root@localhost ~]# cat -n 1.txt
```

【例 2-7】 查看/etc/sysconfig/network-scripts/ifcfg-ens33 配置文件的内容，了解网卡配置信息。

```
[root@localhost ~]# cat /etc/sysconfig/network-scripts/ifcfg-ens33
# Advanced Micro Devices [AMD] 79c970 [PCnet32 LANCE]
DEVICE=ens33
BOOTPROTO=dhcp
HWADDR=00:0C:29:8D:65:30
ONBOOT=yes
```

内容较多的文本文件就不适合用 cat 命令了，前面讲过使用 cat 命令会因滚动太快而无法阅读，此时可使用 more 或 less 命令来查看。

（2）more 命令

more 命令一次显示一屏文本，显示满之后，停下来，并在终端底部输出- - More- - ，系统还将同时显示出已显示文本占全部文本的百分比，若要继续显示，按〈Enter〉键或空格键即可。该命令有一个常用选项-p，作用是显示下一屏之前先清屏。要退出 more 显示，按〈q〉键便可。

命令格式：more [选项] 文件

（3）less 命令

less 命令比 more 命令功能强大，除了拥有 more 命令的功能外，还支持光标上下滚动浏览文件，对于宽文档还能水平滚动，当到达底端时，less 命令不会自动退出，需要按〈q〉键退出浏览。

另外，要移动到用文件的百分比表示的某位置，可指定 0～100 之间的数，并按〈p〉键即可，比如：50p。

命令格式：less [选项] 文件

（4）head 和 tail 命令

head 命令用来查看文件前面部分的内容，默认显示前面 10 行的内容，当然也可以指定要查看的行数。

命令格式：head -n 文件名

tail 命令的功能与 head 命令相反，tail 命令用于查看文件的最后若干行的内容，默认为最后 10 行，用法与 head 命令相同。另外，tail 命令带-f 选项，则可实现不停地读取和显示文件内容，有实时监视的效果。

3．文件创建和复制命令

（1）touch 命令

命令功能：创建新文件，可同时创建多个。当目标文件已存在时，将更新该文件的时间标记。

命令格式：touch [-d] 文件名 1 [文件名 2]…

参数说明：

-d：可以指定日期或时间。

【例 2-8】 在当前目录中创建两个空文件，文件名分别为 file1.txt 和 file2.doc。

```
[root@localhost ~]# touch file1.txt file2.doc
```

【例 2-9】 改变当前目录中名为 file0.tar.gz 的时间标记。

```
[root@localhost ~]# ls -l file0.tar.gz
-rw-r--r-- 1 root root 11032 04-28 21:47 file0.tar.gz
[root@localhost ~]# touch file0.tar.gz
[root@localhost ~]# ls -l file0.tar.gz
```

2-6
Linux 文件操作命令-2

（2）cp 命令

命令功能：复制文件或目录。

命令格式：cp [参数] 源文件或目录 目标文件或目录

参数说明：

- -f：覆盖目标同名文件或目录时不进行提醒，而直接强制复制。
- -i：覆盖目标同名文件或目录时提醒用户确认。
- -p：复制时保持源文件的权限、属主及时间标记等属性不变。
- -r：复制目录时必须使用此选项，表示递归复制所有文件及子目录。

【例 2-10】 将 etc/touch 复制到当前目录下，并命名为 myfile。

```
[root@localhost ~]# cp /bin/touch ./myfile
[root@localhost ~]# ls -l my*
-rwxr-xr-x 1 root root 42284 07-03 14:03 myfile
```

【例 2-11】 将/etc/inittab 文件复制一份进行备份，仍保存在/etc 目录下，文件名添加.bak 扩展名。

```
[root@localhost etc]# cp /etc/inittab /etc/inittab.bak
[root@localhost etc]# ls -l ini*
```

【例 2-12】 将目录/boot/grub、/etc/httpd/conf 复制到当前目录中进行备份。

```
[root@localhost ~]# cp -r /boot/grub/ /etc/httpd/conf ./
```

4．文件移动和改名命令——mv 命令

命令功能：将指定文件或目录转移位置，如果目标位置与源位置相同，则效果相当于为文件或目录改名。

命令格式：mv [参数] 源文件或目录 目标文件或目录

参数说明：

-i：若目标位置已有同名文件，则先询问是否覆盖。

【例 2-13】　将当前目录中的 myfile 程序文件改名为 myfile1.exe。

```
[root@localhost ~]# mv  myfile  myfile1.exe
[root@localhost ~]# ls  myfile  myfile1.exe
ls: myfile: 没有那个文件或目录
myfile1.exe
```

【例 2-14】　将当前目录中的 grub 目录转移到 home/linux 目录中。

```
[root@localhost ~]# mv  grub  /home/linux/
[root@localhost ~]# ls  /home/linux/
grub  file1.txt  file2.txt  file3.txt
```

5. 文件删除命令——rm 命令

命令功能：删除指定的文件或目录。

命令格式：rm　[参数]　文件名或目录名

参数说明：

- -i：删除文件或目录时提醒用户确认。
- -f：删除文件或目录时不进行提醒，直接删除。
- -r：递归删除整个目录树，将目录及目录中的文件一并删除。

【例 2-15】　删除刚复制到当前目录中的 conf 目录树，且不提示用户进行确认。

```
[root@localhost ~]# rm -rf ./conf/
```

【例 2-16】　删除当前目录中的 file1.txt 和 file2.doc 文件。

2-7
Linux 文件操作命令-3

```
[root@localhost ~]# rm file1.txt file2.doc
rm：是否删除 一般空文件 “file1.txt”？ y
rm：是否删除 一般空文件 “file2.doc”？ y
```

6. 文件查找命令

（1）which 命令

命令功能：查找 Linux 命令或程序并显示所在的具体位置，其搜索范围主要由用户的环境变量 PATH 决定。这个范围也是 Linux 系统在执行命令或程序时的默认搜索路径。由于 Shell 内置的命令并没有对应的程序文件，因此使用 which 查找内部命令时，将找不到对应的程序文件。

命令格式：which　[-a]　程序名或命令名

参数说明：

-a：which 命令默认找到第一个目标后即不再继续查找，若希望在所有搜索路径中查找，要加参数-a。

【例 2-17】　显示当前的搜索路径，并查找 ls 命令文件所在的位置。

```
[root@localhost ~]# which ls
alias ls='ls --color=tty'
        /bin/ls
```

（2）find 命令

命令功能：find 是 Linux 系统中功能强大的文件和目录查找命令，可以根据目标的名称、类型、大小等不同属性进行查找。查找时将采用递归的方式，其使用形式相当灵活复杂。

命令格式：find [查找范围] [查找条件表达式]

查找范围是指目标文件或子目录的目录位置（可以有多个），而查找条件则决定了 find 命令根据哪些属性和特征来进行查找。常用的几种查找条件类型如下所述。

1）按名称查找：关键字为“-name”，根据目标文件名称的部分内容查找，允许使用通配符*和？。

2）按文件大小查找：关键字为“-size”，根据目标文件的大小进行查找，一般使用+、-号设置超过或小于指定的大小作为查找条件。常用的容量单位包括 KB、MB、GB。

3）按文件属主查找：关键字为“-user”，根据文件是否属于目标用户进行查找。

4）按文件类型查找：关键字为“-type”，根据文件的类型进行查找，这里的类型指的是普通文件（f）、目录（d）、块设备文件（b）、字符设备文件（c）等。块设备指的是成块读取数据的设备（如硬盘、内存等），而字符设备指的是按单个字符读取数据的设备（如键盘、鼠标等）。

【例 2-18】 在/etc 目录中递归查找名称以“res”开头、以“conf”结尾的文件。

```
[root@localhost ~]# find /etc -name "res*.conf"
/etc/resolv.conf
/etc/selinux/restorecond.conf
```

【例 2-19】 在/boot 目录中查找所有的目录。

```
[root@localhost ~]# find /boot -type d
/boot
/boot/grub
/boot/lost+found
```

（3）grep 命令

命令功能：在文件中查找并显示包含指定字符串的行，可以直接指定关键字作为查找条件。

命令格式：grep [参数] 查找条件 目标文件

参数说明：

- -i：查找内容时忽略英文大小写。
- -v：反转查找，即输出与查找条件不相符的行。

【例 2-20】 在/etc/passwd 文件中查找包含“linux”字符串的行。

```
[root@localhost ~]# grep "linux" /etc/passwd
Linux:x:500:500:linux:/home/linux:/bin/bash
```

7. 文件操作的其他常用命令

（1）ln 命令

命令功能：用于为文件建立链接文件。

命令格式：ln [参数] 源文件 [链接名]

参数说明：

- -s：对源文件创建符号链接。
- -b：在链接时会对被覆盖或删除的目标文件进行备份。
- -i：覆盖已经存在的文件之前询问用户。

链接文件分为符号链接和硬链接两种类型。硬链接的作用是允许一个文件拥有多个有效路径名，这样用户就可以创建到重要文件的硬链接，以防“误删除”。当指向同一个文件的链接有一个以上时，删除一个链接并不影响文件本身和其他链接，只有最后一个链接被删除后，文件才会被真正删除。

注意：不能对目录创建硬链接，只有在同一文件系统中的文件之间才能创建硬链接。

符号链接也称为软链接，是特殊文件的一种。符号链接实际上是一个文本文件，其中包含目标文件的位置信息。符号链接可以链接任意的文件或目录，可以链接不同文件系统的文件。对符号链接文件进行读写操作时，系统会自动把该操作转换为对源文件的操作；删除链接文件时，系统仅删除链接文件，而不删除源文件本身。

【例 2-21】 使用 ln 命令在桌面上创建/etc/yum.conf 文件的符号链接 yum.conf。

```
[root@localhost ~]# ln  -s  /etc/yum.conf  /root/Desktop/yum.conf
[root@localhost ~]# ls  -l  /root/Desktop/yum*
lrwxrwxrwx 1 root root 13 05-04 12:00 /root/Desktop/yum.conf -> /etc/yum.conf
```

【例 2-22】 使用 ln 命令在桌面上创建/etc/yp.conf 文件的硬链接 yp.conf。

```
[root@localhost ~]# ln  /etc/yp.conf  /root/Desktop/yp.conf
[root@localhost ~]# ls  -l  /root/Desktop/yp*
-rw-r--r-- 2 root root 585 2009-04-15 /root/Desktop/yp.conf
```

（2）wc 命令

命令功能：统计文件内容中的单词数量等信息。

命令格式：wc　[参数]　文件名

参数说明：

- -c：统计文件内容中的字节数。
- -l：统计文件内容中的行数。
- -w：统计文件内容中的单词数。

【例 2-23】 统计当前目录下的 text1.txt 文件所占的字节数、行数和单词数。

```
[root@localhost ~]# wc  -clw  text1.txt
 2  5  50 text1.txt
```

2.2.4　使用 Linux 目录管理命令

2-8 Linux 目录管理命令

1. pwd 命令

命令功能：显示用户当前处于哪个目录中。

命令格式：pwd

【例 2-24】 用户的当前目录为/home/work，显示当前路径。

```
[root@localhost  ~]# pwd
/home/work
```

2. cd 命令

命令功能：改变当前目录。

命令格式：cd　<相对路径名/绝对路径名>

1）绝对路径：这种方式以根目录 / 作为起点，如，/boot/grub 表示根目录下 boot 子目录中的 grub 目录。若要确切表明 grub 是一个目录，可以在最后加上一个目录分隔符，即表示为/boot/grub/。

2）相对路径：这种方式一般以当前工作目录作为起点，在开头不使用 / 符号，因此输入的时候更加简便。相对路径主要包括如下几种形式。

- 直接使用目录名或文件名，表示当前工作目录中的子目录、文件的位置，例如 grub.conf 可表示当前目录下的 grub.conf 文件。
- 以一个点号.开头，可明确表示以当前的工作目录作为起点。例如./grub.conf 表示当前目录下的 grub.conf 文件。
- 以两个点号..开头，表示以当前的工作目录的上一级目录（父目录）作为起点。例如，若当前处于/boot/grub/目录中，则../vmlinuz 等同于/boot/vmlinuz。
- 以“用户名”的形式开头，表示以指定用户的宿主目录作为起点，省略用户名时默认为当前用户。
- 使用 cd 命令时，还可以使用一个特殊的目录参数-（减号），用于表示上一次执行 cd 命令之前所处的目录。

【例 2-25】 cd 命令的应用。

```
[root@localhost ~]# cd  ~（或仅输入 cd）      //回到当前登录用户的主目录
[root@localhost ~]# cd  /                     //直接切换到根目录
[root@localhost ~]# cd  ../net                //回到上一层目录中的 net 兄弟目录中
[root@localhost ~]# cd  /usr/sbin/            //改变到/usr/sbin 目录中
[root@localhost ~]#cd -                       //返回进入上一次执行 cd 目录之前所在目录
```

3．mkdir 命令

命令功能：建立新目录（对于当前目录有适当权限的所有使用者）。

命令格式：mkdir　[参数] <目录名>

参数说明：

- -p：循环建立目录。
- -m：对新建目录设置存取权限，也可以用 chmod 命令设置。

【例 2-26】 在根目录下创建目录。

```
[root@localhost ~]# mkdir /first1/
[root@localhost ~]# mkdir  /first1/first2/
[root@localhost ~]# mkdir  -p /first3/first4
```

【例 2-27】 在/media 目录中同时建立多个子目录，名称分别为 mp3、DVD、rmvb。

```
[root@localhost ~]# cd  /media
[root@localhost media]#mkdir  mp3  DVD  rmvb
[root@localhost media]#ls
cdrom  mp3  DVD  rmvb
```

4．rmdir 命令

命令功能：删除空目录（对于当前目录有适当权限的所有使用者）。

命令格式：rmdir [-p] <目录名>

参数说明：

-p：循环删除空目录。删除指定目录后，若该目录的上层目录已变成空目录，则将其一并删除。

【例 2-28】 使用删除目录命令。

```
[root@localhost ~]# rmdir /b1/
[root@localhost ~]# rmdir /a1/a2
[root@localhost ~]# rmdir -p /c1/c2
```

5. ls 命令

命令功能：主要用于显示目录中的内容，包括子目录和文件的相关属性信息等。使用的参数可以是目录名，也可以是文件名，允许在同一条命令中同时使用多个参数。

命令格式：ls [参数] <目录或文件>

【例 2-29】 显示当前目录中包含的子目录、文件列表信息。

```
[root@localhost ~]# ls
anaconda-ks.cfg          install.log        text1
Desktop        file0.tar.gz  install.log.syslog  text1.txt
```

该命令显示信息不包括隐藏目录和文件。

【例 2-30】 以长格式显示当前目录的详细属性，而不是显示目录下的内容。

```
[root@localhost ~]# ls -ld
drwxr-x--- 19 root root 4096 05-03 08:17
```

【例 2-31】 以长格式、更易读的方式显示文件/root/tomcat-6.0.35.tar.gz 的详细信息。

```
[root@localhost ~]# ls -lh /root/tomcat-6.0.35.tar.gz
-rwxrw-rw- 1 root root 6.4M 03-26 09:36 /root/tomcat-6.0.35.tar.gz
```

【例 2-32】 查看当前目录下 install.log 文件及/etc/目录下 hosts 文件的详细信息。

```
[root@localhost ~]# ls -l install.log /etc/hosts
-rw-r--r-- 1 root root   187 04-09 02:52 /etc/hosts
-rw-r--r-- 1 root root 35768 04-09 03:13 install.log
```

【例 2-33】 以长格式列出/etc/目录下所有以“.tar.gz”结尾的文件信息。

```
[root@localhost ~]# ls -lh *.tar.gz
-rw-r--r-- 1 root root 11K 04-28 21:47 file2.tar.gz
```

6. du 命令

命令功能：统计指定目录（或文件）所占磁盘空间的大小。

命令格式：du [参数] <目录名（文件名）>

参数说明：

- -a：统计磁盘空间占用时统计所有文件的占用空间，而不仅仅统计目录的占用空间。
- -s：只统计每个参数所占用空间总的（Summary）大小，而不是统计每个子目录、文件的大小。
- -h：以更人性化的方式显示出统计结果，默认单位为字节，使用-h 选项将显示为 K、M 等单位。

【例 2-34】 分别统计/boot 目录中以 vmlin 开头的各文件所占用空间的大小。

```
[root@localhost ~]# du -ah  /boot/vmlin*
1.8M    /boot/vmlinuz-2.6.18-164.el5
```

【例 2-35】 统计/var/log 目录所占用空间的总大小。

```
[root@localhost ~]# du -sh  /var/log
2.4M    /var/log
```

任务 2.3 RPM 包的管理

2.3.1 RPM 简介

2-9
管理 RPM 包

在 Linux 操作系统中，有一个系统软件包，它的功能类似于 Windows 里面的“添加/删除程序”，但比“添加/删除程序”功能强很多，它就是 Red Hat Package Manager（简称 RPM）。此工具包最先是由 Red Hat 公司推出的，后来被其他 Linux 开发商所借用。由于它为 Linux 使用者省去了很多时间，因此被广泛应用于在 Linux 下安装和删除软件。

RPM 是以一种数据库记录的方式将所需要的套件安装到 Linux 主机的一套管理程序。其最大的特点是将要安装的套件先编译并打包，通过包装好的套件中默认的数据库记录，记录这个套件在安装的时候需要的依赖性模块。用户在 Linux 主机安装软件包时，RPM 会先根据套件里的记录数据，查询 Linux 主机的依赖属性套件是否满足，若满足，则进行安装，否则不进行安装。安装的时候将该套件的信息全部写入 RPM 的数据库，以方便日后的维护工作，比如查询、验证与升级、卸载等。

RPM 的安装环境与打包环境必须一致，需要满足套件的依赖属性要求，卸载时要特别小心，最底层的套件不可先删除，否则会造成系统出现问题。

RPM 软件包文件名称的格式如图 2-10 所示。

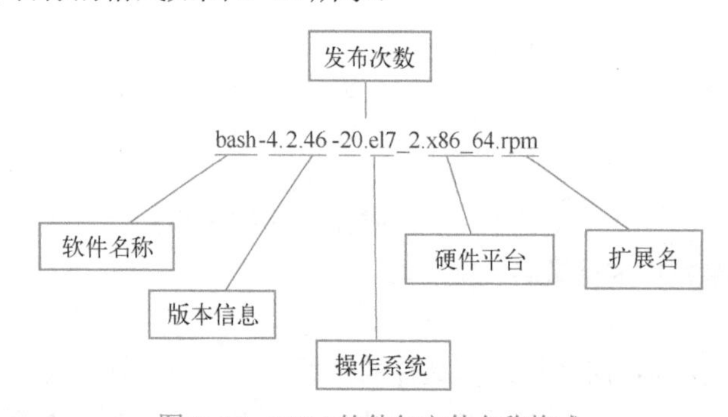

图 2-10 RPM 软件包文件名称格式

- 软件名称：即套件名称。
- 版本信息：每一次更新版本都需要有版本信息，用来区分软件的新旧，包括主版本、次版本和修改号。
- 发布次数：这是编译的次数，为什么还要编译呢？这是由于同一版本的套件中，因为某些错误或安全上的考虑，必须重新配置当初打包时的参数，配置完成之后重新编译并打包成 RPM 文件，因此就有不同的打包数（这时的软件源码不变，只是执行编译时的参数不同而已）。

- 操作系统：软件包所适用的操作系统。
- 硬件平台：由于 RPM 可以适用在不同的操作平台上，但不同平台的配置参数不同，并且可以针对比较高级的 CPU 来进行优化参数的配置，所以就有了 i386、i586、i686 与 noarch 等文件名的出现，见表 2-1 所示。
- 扩展名：软件包名通常以.rpm 结尾，.rpm 即其扩展名。

表 2-1　软件运行的硬件平台

平台名称	适合平台
i386	几乎适用于所有的 x86 平台，无论是旧版本的 Pentium 还是新版本的 Pentium-e 或 AMD 都可以正常工作。i 指的是 Intel 兼容的 CPU
i586	586 等级的计算机
i686	在 Pentium 2 以后的 Intel，以及 k7 以后的等级的 CPU 都属于 686 等级
noarch	没有任何硬件等级上的限制

RPM 包括安装、卸装、升级、查询几种基本操作模式，下面进行详细的介绍。

2.3.2 安装软件包

命令语法：rpm –ivh [RPM 包文件名称]

选项说明：

- -i：表示安装软件包。
- -v：表示在安装过程中显示详细的信息。
- -h：表示显示水平进度条。

1. 安装软件包

【例 2-36】 安装 httpd-2.4.6-45.el7.x86_64.rpm 软件包。

```
[root@localhost ~]# rpm -ivh httpd-2.4.6-45.el7.x86_64.rpm
```

如果安装成功，系统会显示软件包的名称，然后在安装软件包时显示安装的进度，显示如下信息。

```
Preparing...                ################################# [100%]
   1: httpd-2.4.6-45.el7                ################### [100%]
```

如果某软件包的同一版本已经安装，系统会显示如下信息。

```
Preparing...                ################################# [100%]
package httpd-2.4.6-45.el7 is already installed
```

如果在软件包已安装的情况下仍打算安装同一版本的软件包，可以使用--replacepkgs 选项忽略错误。

【例 2-37】 在 httpd-2.4.6-45.el7.x86_64.rpm 已安装的情况下仍旧安装该软件包。

```
[root@localhost ~]# rpm -ivh --replacepkgs httpd-2.4.6-45.el7.x86_64.rpm
```

2．软件包冲突

如果试图安装的软件包中包含已被另一个软件包或同一软件包的早期版本安装了的文件，使用--replacefiles 选项可以忽略这个错误。

【例 2-38】 httpd-2.4.6-45.el7.x86_64.rpm 软件包冲突，忽略错误继续安装。

```
[root@localhost ~]# rpm -ivh --replacefiles httpd-2.4.6-45.el7.x86_64.rpm
```

2.3.3 卸载软件包

命令语法: rpm –e [RPM 包名称]

选项说明:

e：表示卸载软件包。

【例 2-39】 卸载 httpd 软件包。

```
[root@localhost ~]# rpm -e httpd
```

在卸载软件包时使用软件包名称 httpd，而不是软件包文件名称 httpd-2.4.6-45.el7.x86_64.rpm。

在卸载某软件包时也会遇到依赖关系错误，当另一个已安装的软件包依赖于用户试图删除的软件包时，依赖关系错误就会发生，例如：

```
httpd-mmn= 20120211 x8664 被（已安装）mod_wsgi-3.4-12.el7_0.x86_64 需要
httpd-mmn = 20120211 x8664 被（已安装）mod_auth_gssapi-1.4.0-1.el7_0.x86_64
需要。
httpd >=2.4.6-31 被（已安装）ipa-server-common-4.4.0-12.el7.noarch 需要
httpd >=2.4.6-31 被（已安装）ipa-server-4.4.0-12.el7.x86_64 需要
```

要使 RPM 忽略这个错误并强制删除该软件包，可以使用--nodeps 选项，但是依赖于它的软件包可能无法正常运行。

2.3.4 升级软件包

命令语法：rpm –Uvh [RPM 包文件名称]

选项说明：

-U：表示升级软件包。

【例 2-40】 升级 httpd-2.4.6-45.el7.x86_64.rpm 软件包。

```
[root@localhost ~]# rpm -Uvh httpd-2.4.6-45.el7.x86_64.rpm
```

升级软件包实际上是删除和安装的组合，因此，在 RPM 软件包升级过程中，还会碰到另一个错误，如果 RPM 认为用户正试图升级到软件包的早期版本，系统会显示如下信息。

```
#package httpd-2.4.6-45 (which is newer than httpd-2.2.4-32) is already
installed
```

要使 RPM 软件包强制升级，可以使用--oldpackage 选项。

【例 2-41】 强制升级 httpd-2.4.6-45.el7.x86_64.rpm 软件包。

```
[root@localhost ~]# rpm -Uvh --oldpackage httpd-2.4.6-45.el7.x86_64.rpm
```

2.3.5 查询软件包

使用 rpm -q 命令查询软件包安装的信息。

1. 查询指定软件包的详细信息

功能说明：使用该命令会显示已安装软件包的名称、版本和发行号码。

命令语法：rpm -q [RPM 包名称]

【例 2-42】 查询 foo 软件包是否安装。

```
[root@localhost ~]# rpm -q foo
package foo is not installed     //查询到 foo 软件包没有安装
```

【例 2-43】 查询 bind 软件包是否安装。

```
[root@localhost ~]# rpm -qa bind
bind-9.9.4-37.el7.x86-64          //查询到 bind 软件包已经安装
```

2. 查询系统中所有已安装的 RPM 软件包

命令语法：rpm –qa

【例 2-44】 查询系统内所有已安装的 RPM 软件包。

```
[root@localhost ~]# rpm -qa
libtiff-4.0.3-25.el7.x86_64
ibus_qt-1.3.2-4.el7.x86_64
curl-7.29.0-35.el7.x86_64
plymouth-plugin-label-0.8.9-0.26.20140113.el7.x86_64
libblkid-2.23.2-33.el7. x86_64
……
```

3. 查询指定已安装软件包的描述信息

功能说明：显示软件包的名称、描述、发行版本、大小、制造日期、生产商以及其他信息项。

命令语法：rpm –qi [RPM 包名称]

【例 2-45】 查询 bind 软件包的描述信息。

```
[root@localhost ~]# rpm -qi bind
```

4. 查询指定已安装软件包所含的文件列表

命令语法：rpm –ql [RPM 包名称]

【例 2-46】 查询 bind 软件包所包含的文件列表。

```
[root@localhost ~]# rpm -ql bind
/etc/logrotate.d/named
/etc/named
/etc/named.conf
/etc/named.iscdlv.key
/etc/named.rfc1912.zones
/etc/named.root.key
/etc/rndc.conf
/etc/rndc.key
/etc/rwtab.d/named
```

```
/etc/sysconfig/named
/run/named
/usr/lib/system/system/named-setup-rndc.service
/usr/lib/system/system/named.service
……
```

5. 查询系统中指定文件属于哪个软件包

命令语法：rpm –qf [文件名]

【例 2-47】 查询/etc/logrotate.d/named 文件属于哪个软件包。

```
[root@localhost ~]# rpm -qf /etc/logrotate.d/named
bind-9.9.4-37.el7.x86-64
```

当指定文件时，必须指定文件的完整路径，如/etc/logrotate.d/named。

任务 2.4 Yum 软件仓库

某些大型的软件可能与多个程序之间都存在着依赖关系，在这种情况下使用 RPM 安装软件会变得非常复杂。Yum 是为了降低软件安装难度和复杂度而设计的一种技术。Yum 可以根据用户的要求分析出所需软件包及其相关的依赖关系，然后自动从服务器下载软件包并进行安装。常见的 Yum 命令如表 2-2 所示。

2-10 Yum 软件仓库

表 2-2 常见的 Yum 命令

命令	作用
yum repolist all	列出所有仓库
yum list all	列出仓库中所有软件包
yum info 软件包名称	查看软件包信息
yum install 软件包名称	安装软件包
yum update 软件包名称	升级软件包
yum remove 软件包名称	删除软件包
yum clean all	清除所有仓库缓存
yum check-update	检查可更新的软件包
yum grouplist	查看系统中已经安装的软件包组
yum groupinfo 软件包组	查看软件包组信息
yum groupinstall 软件包组	安装软件包组
yum groupremove 软件包组	删除软件包组

任务 2.5 TAR 归档管理

在 Windows 系统下最常见的压缩文件是 .zip 和 .rar，Linux 操作系统就不同了，它支

持.gz、.tar.gz、.tgz、.bz2、.Z、.tar 等众多的压缩文件格式。此外，Windows 系统下的.zip 和.rar 格式文件也可以在 Linux 下使用，本节主要讲解如何管理这些软件包。

在具体讲述压缩文件之前需要了解打包和压缩的概念。打包是指将许多文件和目录变成一个总的文件，压缩则是将一个大的文件通过一些压缩算法变成一个小文件。Linux 操作系统中的很多压缩程序只能针对一个文件进行压缩，这样当需要压缩一大堆文件时，就得先借助其他的工具将这一大堆文件先打成一个包，然后再用原来的压缩程序进行压缩。

2.5.1 TAR 包简介

Linux 操作系统下最常用的打包程序是 TAR，使用 TAR 程序打出来的包称为 TAR 包，TAR 包文件的名称通常都是以. tar 结尾的。生成 TAR 包后，就可以用其他程序来进行压缩了。

TAR 可以为文件和目录创建备份。利用 TAR，用户可以为某一特定文件创建备份，也可以在备份中改变文件，或者向备份中加入新的文件。

tar 最初被用来在磁带上创建备份，现在，用户可以在任何设备上创建备份，如移动硬盘。利用 tar 命令可以把一大堆的文件和目录打包成一个文件，这对于备份文件或将几个文件组合成为一个文件进行网络传输是非常有用的。

2.5.2 TAR 包使用和管理

命令语法：tar [主选项+辅选项][文件或者目录]

说明：tar 命令的选项有很多，使用该命令时，主选项是必需的，它告诉 tar 要做什么事情，辅选项是辅助使用的，可以选用。

选项说明：

（1）主选项

- -c：创建新的档案文件。如果用户想备份一个目录或一些文件，就要选择这个选项。
- -r：把要存档的文件追加到档案文件的末尾。例如用户已经做好备份文件，又发现还有一个目录或是一些文件忘记备份了，这时可以使用该选项，将忘记的目录或文件追加到备份文件中。
- -t：列出档案文件的内容，查看已经备份了哪些文件。
- -u：更新文件，用新增的文件取代原备份文件，如果在备份文件中找不到要更新的文件，则把它追加到备份文件的最后。
- -x：从档案文件中释放文件。

（2）辅助选项

- -b：该选项用于设置区块数，每个区块的大小为 512 Byte 为 20（20*512 Byte）。
- -f：使用档案文件或设备，这个选项通常是必选的。
- -k：保存已经存在的文件。例如在还原某个文件的过程中遇到相同的文件，则不会进行覆盖。
- -m：在还原文件时，把所有文件的修改时间设定为现在。

- -M：创建多卷的档案文件，以便在几个磁盘中存放。
- -v：详细报告 TAR 处理的文件信息。如无此选项，TAR 不报告文件信息。
- -w：每一步都要求确认。
- -z：用 gzip 来压缩/解压缩文件，该选项可以压缩档案文件，解压缩时也一定要使用该选项。

【例 2-48】 把/root/abc 目录及其子目录全部做备份文件，备份文件名为 abc.tar。

```
[root@localhost ~]# tar cvf abc.tar /root/abc
abc/
abc/a
abc/b
abc/c
[root@ localhost ~]#ls -l
总用量 140
drwxr-xr-x  2 root root  4096  4月 20 00:52 abc
-rw-r--r--  1 root root 10240  4月 20 00:53 abc.tar
-rw-r--r--  1 root root  3051 2007-03-15  anaconda-ks.cfg
drwxr-sr-x  3 root root  4096  4月 14 23:35 Desktop
-rw-r--r--  1 root root 48539 2007-03-15  install.log
//可以看到 abc.tar 就是 abc 文件打包后的文件，其容量比打包前要大
```

【例 2-49】 查看 abc.tar 备份文件的内容，并显示出来。

```
[root@localhost ~]# tar tvf abc.tar
drwxr-xr-x root/root         0 2004-04-20 00:52:57 abc/
-rw-r--r-- root/root        15 2004-04-20 00:52:57 abc/a
-rw-r--r-- root/root        15 2004-04-20 00:52:57 abc/b
-rw-r--r-- root/root        15 2004-04-20 00:52:57 abc/c
//可以看到该打包文件由一个目录和该目录下的 3 个文件打包而成
```

【例 2-50】 将打包文件 abc.tar 解压缩。

```
[root@localhost ~]# tar xvf abc.tar
abc/
abc/a
abc/b
abc/c
[root@localhost ~]# ls -l
总用量 148
drwxr-xr-x  2 root root  4096  4月 20 00:52 abc
-rw-r--r--  1 root root 10240  4月 20 00:53 abc.tar
-rw-r--r--  1 root root   175  4月 20 00:55 abc.tar.gz
-rw-r--r--  1 root root  3051  2007-03-15  anaconda-ks.cfg
drwxr-sr-x  3 root root  4096  4月 14 23:35 Desktop
-rw-r--r--  1 root root 48539 2007-03-15  install.log
```

【例 2-51】 将文件 d 增加到 abc.tar 包文件里面去。

```
[root@localhost ~]# tar rvf abc.tar d
drwxr-xr-x root/root         0 2004-04-20 00:52:57 abc/
-rw-r--r-- root/root        15 2004-04-20 00:52:57 abc/a
-rw-r--r-- root/root        15 2004-04-20 00:52:57 abc/b
-rw-r--r-- root/root        15 2004-04-20 00:52:57 abc/c
```

```
-rw-r--r-- root/root       15 2004-04-20 01:17:55 d
```

【例 2-52】 更新包文件 abc.tar 中的文件 d。

```
[root@localhost ~]# tar uvf abc.tar d
[root@localhost ~]# tar  tvf  abc.tar
drwxr-xr-x root/root        0 2004-04-20 00:52:57 abc/
-rw-r--r-- root/root       15 2004-04-20 00:52:57 abc/a
-rw-r--r-- root/root       15 2004-04-20 00:52:57 abc/b
-rw-r--r-- root/root       15 2004-04-20 00:52:57 abc/c
-rw-r--r-- root/root       15 2004-04-20 01:22:14 d
```

2.5.3 TAR 包的特殊使用

TAR 可以在压缩或解压缩的同时调用其他的压缩程序，比如调用 gzip、bzip2 等。

1. TAR 调用 gzip

gzip 是 GNU 组织开发的一个压缩程序，以.gz 作为扩展名的文件就是 gzip 压缩的结果文件。与 gzip 相对应的解压缩程序是 gunzip。TAR 使用参数 z 来调用 gzip，下面举例说明。

【例 2-53】 把/root/abc 目录及其子目录全部做备份文件，并进行压缩，备份文件名为 abc.tar.gz。

```
[root@localhost ~]# tar zcvf abc.tar.gz /root/abc
abc/
abc/a
abc/b
abc/c
[root@localhost ~]# ls -l
总用量 148
drwxr-xr-x  2 root root  4096   4月 20 00:52 abc
-rw-r--r--  1 root root 10240  4月 20 00:53 abc.tar
-rw-r--r--  1 root root   175  4月 20 00:55 abc.tar.gz
-rw-r--r--  1 root root   3051  2007-03-15  anaconda-ks.cfg
drwxr-sr-x  3 root root  4096  4月 14 23:35 Desktop
-rw-r--r--  1 root root 48539 2007-03-15  install.log
//可以看到 abc.tar.gz 就是 abc 文件压缩后的文件，其容量比打包前要小
```

【例 2-54】 查看 abc.tar.gz 备份文件的内容，并显示出来。

```
[root@localhost ~]# tar ztvf abc.tar.gz
drwxr-xr-x root/root        0 2004-04-20 00:52:57 abc/
-rw-r--r-- root/root       15 2004-04-20 00:52:57 abc/a
-rw-r--r-- root/root       15 2004-04-20 00:52:57 abc/b
-rw-r--r-- root/root       15 2004-04-20 00:52:57 abc/c
//可以看到该压缩文件由一个目录和该目录下的 3 个文件压缩而成
[root@localhost ~]# tar zxvf abc.tar.gz
abc/
abc/a
abc/b
abc/c
[root@localhost ~]# ls -l
```

```
总用量 148
drwxr-xr-x  2 root root  4096  4月 20 00:52 abc
-rw-r--r--  1 root root 10240  4月 20 00:53 abc.tar
-rw-r--r--  1 root root   175  4月 20 00:55 abc.tar.gz
-rw-r--r--  1 root root  3051  2007-03-15 anaconda-ks.cfg
drwxr-sr-x  3 root root  4096  4月 14 23:35 Desktop
-rw-r--r--  1 root root 48539  2007-03-15 install.log
```

2．TAR 调用 bzip2

bzip2 是一个压缩能力更强的压缩程序，以.bz2 结尾的文件就是 bzip2 压缩的结果文件。与 bzip2 相对应的解压缩程序是 bunzip2。TAR 使用参数 j 来调用 gzip，下面举例说明。

【例 2-55】 将目录/root/abc 及其下所有文件压缩成 abc.tar.bz2 文件。

```
[root@localhost ~]# tar cjf abc.tar.bz2 /root/abc
[root@localhost ~]# ls -l
总用量 116
drwxr-xr-x  2 root root  4096  4月 20 00:52 abc
-rw-r--r--  1 root root   175  4月 20 01:32 abc.tar.bz2
-rw-r--r--  1 root root  3051  2007-03-15 anaconda-ks.cfg
drwxr-sr-x  3 root root  4096  4月 14 23:35 Desktop
-rw-r--r--  1 root root 48539  2007-03-15 install.log
```

【例 2-56】 将 abc.tar.bz2 文件解压缩。

```
[root@localhost ~]# tar xjf abc.tar.bz2
[root@localhost ~]# ls -l
总用量 116
drwxr-xr-x  2 root root  4096  4月 20 00:52 abc
-rw-r--r--  1 root root   175  4月 20 01:32 abc.tar.bz2
-rw-r--r--  1 root root  3051  2007-03-15 anaconda-ks.cfg
drwxr-sr-x  3 root root  4096  4月 14 23:35 Desktop
-rw-r--r--  1 root root 48539  2007-03-15 install.log
```

3．TAR 调用 compress

compress 也是一个压缩程序，.Z 作为扩展名的文件就是 compress 压缩的结果文件。与 compress 相对应的解压缩程序是 uncompress。TAR 使用参数 Z 来调用 compress。下面举例说明。

【例 2-57】 将文件 a 压缩成 a.tar.Z 文件。

```
[root@localhost ~]# tar -cZf a.tar.Z a
[root@localhost ~]# ls -l
总用量 96
-rw-r--r--  1 root root     0  4月 20 01:48 a
-rw-r--r--  1 root root  3051  2007-03-15 anaconda-ks.cfg
-rw-r--r--  1 root root     0  4月 20 01:47 a.tar.Z
drwxr-sr-x  3 root root  4096  4月 14 23:35 Desktop
-rw-r--r--  1 root root 48539  2007-03-15 install.log
```

【例 2-58】 将文件 a.tar.Z 解压缩。

```
[root@localhost ~]# tar -xZf a.tar.Z
```

任务 2.6　使用 Vim 编辑器

Vim 是 Linux 操作系统上的最常用的文本/代码编辑器，也是早年的 Vi 编辑器的升级版，而 gVim 则是其 Windows 版本。它不仅兼容 Vi 的所有指令，而且还包含一些新的特性。它的最大特色是完全使用键盘命令进行编辑。不需要图形界面使它成了效率很高的文本编辑器。

2-12
Vim 编辑器

2.6.1　了解 Vim 编辑器的工作模式

Vim 有三种基本的工作模式：命令模式、编辑模式和末行模式。不同工作模式下的操作方法有所不同。Vim 的三种工作模式间的切换方式如图 2-11 所示。

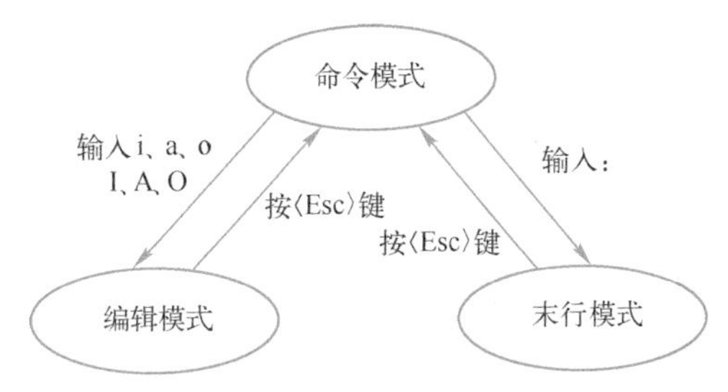

图 2-11　Vim 的三种工作模式间的切换方式

1. 命令模式

命令模式是启动 Vim 后默认进入的工作模式，在命令模式下可以通过多种操作符号进入编辑模式和末行模式。在命令模式下，从键盘上输入的任何字符都被当作编辑命令来解释，而不会在屏幕上显示。如果输入的字符是合法的 Vim 命令，则 Vim 完成相应的动作，否则 Vim 会发出响铃进行警告。

2. 编辑模式

编辑模式用于字符编辑。在命令模式下输入 i、I、a、A、o、O 都可以进入文本编辑模式。此时，键盘输入的任何字符都被 Vim 当作文件内容显示在屏幕上。按〈Esc〉键就可以从文本编辑模式返回到命令模式。i、I、a、A、o、O 功能说明如表 2-3 所示。

表 2-3　字符功能说明

输入	说明	输入	说明
i	在光标所在位置的前面插入新内容	I	在光标所在列的第一个非空白字符前插入新内容
a	在光标所在位置的后面插入新内容	A	在光标所在行的最后插入新内容
o	在光标所在行的下面新增一行	O	在光标所在行的上面新增一行

3. 末行模式

末行模式是执行一些特殊操作的模式，在命令模式下，按〈:〉键即可进入末行模式，此时 Vim 会在屏幕的底部显示：符号，作为末行模式的提示符。在末行模式下，用户可以进行查找、替换、保存、退出等操作。

此外，还有一种模式叫作可视模式（Visual-mode），在命令模式下按〈v〉〈V〉键或〈Ctrl+v〉组合键，就可以进入可视模式。可视模式中的操作有点像鼠标操作，选择文本的时候有一种鼠标选择的即视感，会给用户使用带来方便。

可视模式又有三个模式：字符选择、行选择和块选择。在命令模式下按以下键，即可进入相应的可视模式。

- 〈v〉：字符选择，会将光标经过的地方反白选择。
- 〈V〉：行选择。
- 〈Ctrl+v〉：块选择。

在可视模式下按以下键可实现相应功能。

- 〈y〉：复制反白的地方。
- 〈d〉：删除反白的地方。

2.6.2 使用 Vim 编辑器进行文件编辑

使用 Vim 编辑器编辑文件，需要经过启动文本编辑器、编辑文件、查找替换、撤销重复、移动、复制、粘贴、删除及保存退出等操作。

1. 启动 Vim 文本编辑器

启动 Vim 文本编辑器的格式是：vim [文件]。

如果不指定文件，则新建文本文件，退出时必须指定文件名。如果启动 Vim 时指定文件，则新建指定的文件或打开指定的文件。

在终端窗口中执行命令#vim file1.txt，则用 Vim 编辑器来编辑 file1.txt 文件。此时编辑器处于命令模式，等待用户输入命令。此时光标停在屏幕上第一行的起始位置，如果行首有～符号，则表示此行为空行。

2. 编辑文件

在 Vim 编辑器中输入表 2-3 中的字符即可切换到编辑模式。在编辑模式下，就可直接输入文件内容了。在编辑过程中，可以使用表 2-4 中的方式移动光标。编辑完成后，按〈Esc〉键返回到命令模式。

表 2-4 光标的移动命令

功能	操作	说明	操作	说明
方向移动	〈↑〉键或〈k〉键	上	〈←〉键或〈h〉键	左
	〈↓〉键或〈j〉键	下	〈→〉键或〈l〉键	右
翻页	〈PageDown〉键或〈Ctrl+f〉组合键	向下翻动一整页	〈PageUp〉键或〈Ctrl+b〉组合键	向上翻动一整页
行内跳转	〈Home〉键或〈^〉键或〈0〉数字键	跳转至行首	〈End〉键或〈$〉键	跳转到行尾
行间跳转	1G 或者 gg	跳转到文件首行	G	跳转到文件的末尾行
	*n*G	跳转到文件中的第 *n* 行		

在命令模式下，可以使用复制和粘贴命令，如表 2-5 所示。

表 2-5　复制和粘贴命令

功能	操作	说明	操作	说明
复制	yy 或 Y	复制当前行整行的内容到剪贴板	yw	复制一个单词
	2yy 或 y2y	复制 2 行。可以举一反三，如 5yy	y2w	复制 2 个字
	y^或 y0	复制至行首，或 y0。不含光标所在处的字符	yG	复制至文件尾
	y$	复制至行尾。含光标所在处字符	y1G	复制至文件首
	#yy	复制从光标处开始的#行内容		
粘贴	小写 p	粘贴到光标位置处之后	大写 P	粘贴到光标位置处之前

在命令模式下，使用表 2-6 所示的命令可以删除文件内容。

表 2-6　删除命令

操作	说明	操作	说明
x 或 Del	删除光标处的单个字符	d+方向键	删除文字
X	删除光标前的字符。不能用〈Backspace〉	dw	删除一个字
#dd	删除从光标处开始的#行内容	dd	删除当前光标所在行
d^或 d0	删除当前光标之前到行首的所有字符	dG	删除至文件尾
d$或 D	删除当前光标处到行尾的所有字符	d1G	删除至文件首

在命令模式下按〈u〉键、〈U〉键或〈.〉键可撤销或重复编辑工作。其中，按〈u〉键将撤销上一步操作，按〈U〉取消对当前行所做的所有编辑，按〈.〉键将重复上一步操作。

3. 查找、替换、保存退出

按〈:〉键，进入末行模式，在末行模式下用户可以执行查找、替换和保存退出等操作。

（1）查找

在命令行模式下，按〈/〉键即可进入末行模式。在/符号后输入要查找的内容，然后按〈Enter〉键即可进行查找。查找命令如下所示。

- /：向后（上）查找。
- n：继续查找。
- ?：与“/”键相同，向前（下）查找。
- N：继续查找（反向）。

（2）替换

在末行模式下可执行替换命令。

命令格式：[range] s/pattern/string/[c,e,g,i]

参数说明：

- range：指查找范围，可省略，默认替换当前行。例如“1,5”指从第 1 行至第 5 行，“1,$”指从第一行至最后一行。也可以用%代替，表示范围为整个文件。
- s：是 sub 的简写，表示搜索。
- pattern：要被替换掉的字符串。
- string：替换 pattern 的字符串。

- c：每次替换前都会询问。
- e：不显示 error。
- g：不询问，将做整行替换。
- i：不分大小写。

例如：":s /old/new" 将当前行中查找到的第一个字符串"old"替换为"new"。

（3）保存退出

在命令模式下连续按两次〈Z〉键，将保存编辑的内容并退出 Vim。但与文件处理相关的命令，大多在末行模式下才能执行。常用的命令如下。

- :w：将文件保存为指定的文件。
- :q：退出 Vim，如果文件有改动，将出现提示信息。
- :q!：不保存文件，直接退出 Vim。
- :wq：存盘并退出。

项目小结

本项目根据 Linux 命令行操作的学习过程，详细地讲述了 Linux 常用命令及 Vim 编辑器的应用场景和操作方法。通过本项目的学习，学生掌握了 Linux 常用命令操作，也了解了 Linux 文件系统和目录的相关知识。

实训练习

1. 实训目的

掌握 Linux 常用命令的使用方法。

2. 实训内容

1）练习使用 Linux 常用命令，达到熟练应用的目的。

2）Vim 编辑器的熟练运用。

3. 实训步骤

1）启动计算机，用 root 用户登录到系统，进入命令行界面。练习使用 cd 命令。

2）用 pwd 命令查看当前所在的目录。

pwd 命令用于显示用户当前所在的目录。如果用户不知道自己当前所处的目录，就可以使用这个命令获得当前所在目录。

3）用 ls 命令列出此目录下的文件和目录。

然后，使用 ls 命令，并用-a 选项列出此目录下包括隐藏文件在内的所有文件和目录。

最后，用 man 命令查看 ls 命令的使用手册。

4）在当前目录下，创建测试目录 test。利用 ls 或 ll 命令列出文件和目录，确认 test 目录创建成功。然后进入 test 目录，利用 pwd 命令查看当前工作目录。

5）利用 cp 命令复制系统文件/etc/profile 到当前目录下。

6）复制文件 profile 到一个新文件 profile.bak，作为备份。

7）用 ll 命令以长格式列出当前目录下的所有文件，注意比较每个文件的长度和创建时间。

8）用 less 命令查看文件 profile 的内容。

注意：可以通过 less - -help 命令查看帮助。

9）给文件 profile 创建一个软链接 lnsprofile 和一个硬链接 lnhprofile。

10）以长格式显示文件 profile、lnsprofile 和 lnhprofile 的详细信息。注意比较 3 个文件的链接数。

11）删除文件 profile，用长格式显示文件 lnsprofile 和 lnhprofile 的详细信息，观察文件 lnhprofile 的链接数的变化情况。

12）用 less 命令查看文件 lnsprofile 的内容，看看有什么结果。

13）用 less 命令查看文件 lnhprofile 的内容，看看有什么结果。

14）删除文件 lnsprofile，显示当前目录下的文件列表，并回到上层目录。

15）用 tar 命令把目录 test 打包。

16）把文件 test.tar.gz 改名为 backup.tar.gz。

17）显示当前目录下的文件和目录列表，确认重命名成功。

18）把文件 backup.tar.gz 移动到 test 目录下。

19）显示当前目录下的文件和目录列表，确认移动成功。

20）进入 test 目录，显示目录中的文件列表。

21）把文件 backup.tar.gz 解压缩。

22）显示当前目录下的文件和目录列表，复制 test 目录为 testbak 目录作为备份。

23）查找 root 用户主目录下的所有名为 newfile 的文件。

24）删除 test 子目录下的所有文件。

25）利用 rmdir 命令删除空子目录 test。回到上层目录，利用 rm 命令删除目录 test 及其所有文件。

26）利用 touch 命令，在当前目录创建一个新的空文件 newfile。

课后习题

一、选择题

1．改变文件属主的命令为（　　）。

A．chmod　　B．touch　　C．chown　　D. cat

2．在给定文件中查找与指定条件字符串的命令为（　　）。

A．grep　　B．gzip　　C．find　　D．sort

3．建立一个新文件可以使用的命令为（　　）。

A．chmod　　B．more　　C．cp　　D．touch

4．在下列命令中，不能显示文本文件内容的命令是（　　）。

A．more　　B．less　　C．tail　　D．join

5．当用命令 ls-al 查看文件和目录时，要观看卷过屏幕的内容，应使用组合键（　　）。

A．〈Shift+Home〉　　B．〈Ctrl+ PgUp〉　　C．〈Alt+ PgDn〉　　D．〈Shift+ PgUp〉

6．Linux 文件名的长度不得超过（　　）个字符。

A．64　　B．128　　C．256　　D．512

7．设超级用户 root 当前所在目录为/usr/local，输入 cd 命令后，用户当前所在目录为（　　）。

A．/home　　B．/root　　C．/home/root　　D．/usr/local

8．将光盘/dev/hdc 卸载的命令是（　　）。

A．umount /dev/sdc　　B．unmount /dev/sdc

C．umount /dev/sdc/mnt/disk1　　D．unmount /mnt/disk1 /dev/sdc

9．（　　）命令是在 Vim 编辑器中执行保存退出操作。

A．:q　　B．ZZ　　C．:q!　　D．:wq

10．下列关于/etc/fstab 文件的描述，正确的是（　　）。

A．fstab 文件只能描述属于 Linux 的文件系统

B．CD_ROM 和软盘必须是自动加载的

C．fstab 文件中描述的文件系统不能被卸载

D．启动时按 fstab 文件描述内容加载文件系统

二、简答题

1．写出在 Linux 中常用的几种文本编辑器。

2．Vim 编辑器有哪几种模式？写出各种模式之间的转换快捷键。

项目 3 文件与设备管理

项目学习目标

- 熟练掌握分区管理
- 熟练掌握挂载和卸载文件系统
- 掌握使用移动存储设备

案例情境

在 Linux 操作系统中，一切皆是文件。文件是存储在磁盘这种存储设备上的，Linux 操作系统通过文件系统管理文件，所以存储设备和文件系统就显得格外重要。系统管理员需要经常规划和管理存储设备，对存储设备进行分区、格式化、挂载。分区前需要规划好每个分区的大小以及分区格式，分区不能太大，也不能太小，太大则会造成存储空间的浪费，太小有可能造成无法存储数据。格式化就是创建文件系统，格式化时需要选择合适的文件系统类型。最后还需要对设备进行挂载，挂载后新增的存储设备才可以正常使用。针对不同的应用情景，Linux 操作系统提供了不同的挂载类型和挂载选项。总之，在 Linux 操作系统中，文件与设备管理是非常重要的。

项目需求

某公司需要对自己的 Linux 服务器进行磁盘容量扩容，要增加 2 块磁盘，一块容量为 3TB，另一块磁盘容量为 1TB。现在已经将磁盘扩容到了服务器上，还需要进一步分别对这 2 块磁盘进行分区、格式化和挂载。

实施方案

对 Linux 服务器进行磁盘扩容的主要步骤如下。

1）在服务器上添加 2 块磁盘，第 1 块大小为 1TB，第 2 块大小为 3TB，如果是在虚拟机环境下安装的，可以用虚拟机来添加磁盘。

2）对大小为 1TB 的硬盘，采用 fdisk 方式进行分区，分区的数量为 3 个；对大小为 3TB 的硬盘，采用 gdisk 进行分区，分区的数量为 4 个。

3）对创建好的分区进行格式化，生成文件系统，前 3 个分区格式化为 ext4 的文件系统，后 4 个分区格式化为 xfs 格式的文件系统。

4）分别对所有创建好的文件系统进行挂载。对挂载好的文件系统，创建文件，测试文件的存储。

任务 3.1 对硬盘分区管理

Linux 操作系统是安装在硬盘中的。Windows 操作系统一般有若干个分区，称之为 C 盘、D

盘、E 盘。Linux 操作系统也有若干个分区，每个分区都对应一个文件。硬盘分区有不同类型和许多限制，下面来探讨一下。

3.1.1 硬盘介绍

计算机在读写数据时，需要存储设备来保存这些数据。如果想永久存储这些数据，最常用的存储设备就是硬盘。硬盘是利用磁记录技术存储数据的存储器，是计算机主要的存储介质，可以存储大量的二进制数据，并且断电后也能保持数据不丢失。

3-1 磁盘介绍

1. 硬盘类型

硬盘按工作原理区分为机械硬盘（简称 HDD）和固态硬盘（简称 SSD）。

机械硬盘可分为 3.5 寸（约 11.66cm）和 2.5 寸（约 8.33cm）大小，一般台式计算机使用的硬盘大小为 3.5 寸，笔记本计算机使用的硬盘大小要明显小很多，大小为 2.5 寸。无论是 3.5 寸硬盘还是 2.5 寸硬盘，其内部结构是一样的。

固态硬盘是用固态电子存储芯片阵列制成的硬盘。它摒弃传统磁介质，采用电子存储介质进行数据存储和读取，突破了传统机械硬盘的性能瓶颈。固态硬盘的全集成电路化、无任何机械运动部件的革命性设计，从根本上解决了在移动办公环境下，对于数据读写稳定性的需求。全集成电路化设计可以让固态硬盘做成任何形状，例如笔记本硬盘、微硬盘、存储卡、U 盘等样式。

机械硬盘与固态硬盘在外观上的区别如图 3-1 所示。

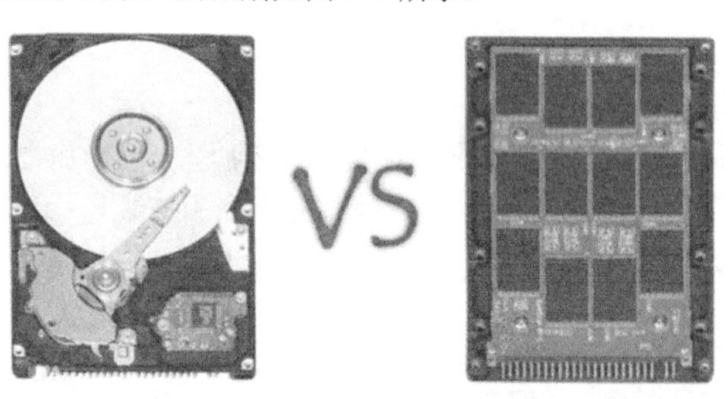

图 3-1 机械硬盘与固态硬盘

2. 硬盘接口

硬盘的传输接口是多种多样的，常见的有 IDE 接口、SATA 接口、SCSI 接口和 SAS 接口。

一些老旧的主机上可能还在使用 IDE（Integrated Drive Electronics，电子集成驱动器）接口的硬盘，IDE 接口插槽使用的线缆较宽，每条线上可以接 2 块 IDE 硬盘，这 2 个设备分别是主设备和从设备，主、从设备可以通过磁盘驱动器上的跳针来设置。

当前大部分硬盘所使用的接口是 SATA（Serial ATA）接口，它已经成为个人计算机硬盘的主流接口。SATA 接口硬盘的插槽比 IDE 接口的要小很多，每条 SATA 连接线仅能连接一台 SATA 接口硬盘。SATA 接口硬盘除了速度较快以外，其安装的线缆也比较细小，非常节省空间，所以有利于主机壳内部的散热和安装。计算机上主板上面的 SATA 插槽的数量并不固定，并且每个插槽都有编号。所以，在连接 SATA 接口硬盘和主板的时候，需要注意，硬盘扩容在不同的插槽，可能会引起设备名称不一样。

SCSI（Small Computer System Interface，小型计算机系统接口）硬盘常用于工作站等级以上的主机。该类型的硬盘在硬盘控制器上会有单独的处理器，所以，它除了运转速度很快之外，CPU 资源占用率低。

SAS（Serial Attached SCSI，串行连接 SCSI）是新一代的 SCSI 技术，和现在流行的 SATA 接口硬盘相同，都是采用串行技术以获得更高的传输速度，并通过缩短连接线改善内部空间等。

3.1.2 硬盘分区类型

下面介绍硬盘在 Linux 操作系统中的名称、MBR 和 GPT 分区所表达的具体含义。

1. 硬盘所对应的设备文件名

目前主流的硬盘接口是 SATA 接口，比较老的计算机有可能使用的是 IDE 接口。早期的 IDE 接口与 SATA 接口在 Linux 操作系统中的命名模式是不一样的。现在大部分 Linux 发行版已经将 IDE 接口的硬盘设备文件名模拟成跟 SATA 接口一样，也就方便对 IDE 接口的硬盘管理。

3-2 磁盘分区类型

一般，硬盘在 Linux 操作系统中使用的文件名称为/dev/sd[a-p]。s 表示 SATA（包含 SCSI、SAS）接口。d 表示 disk，硬盘的意思。a 表示第 1 块硬盘，b 表示第 2 块硬盘，c 表示第 3 块硬盘，以此类推。注意，如果使用了虚拟化，那么硬盘的名称将由/dev/sd[a-p]变为/dev/vd[a-p]，即 s 变成 v，v 表示虚拟化的意思。

2. MBR 分区

早期的 Linux 操作系统为了兼容 Windows 操作系统，使用 MBR（Master Boot Record，主引导记录）分区，Windows 也是支持 MBR 分区的。对于采用 MBR 分区的硬盘来说，第一个扇区（512Byte）非常重要，第一个扇区中会存放启动引导程序记录（也被称为主引导记录）区和分区表。

硬盘默认的分区表仅能写入 4 组分区信息，如果想划分更多分区，可以利用额外的扇区来记录更多的分区信息，这就是扩展分区。扩展分区本身并不能被拿来格式化，但是可以通过扩展分区来继续划分成逻辑分区。分区数量根据操作系统和硬盘类型不同而不同。

由于硬盘的限制，主分区和扩展分区最多可以有 4 个，如果有扩展分区的话，扩展分区只能有 1 个，也可以把扩展分区看成主分区。逻辑分区是由扩展分区划分出来的分区，能够被格式化后存取数据的分区是主分区和逻辑分区，扩展分区无法被格式化。

3. GPT 分区

GPT（GUID Partition Table，全局唯一标识分区表）相比于 MBR 分区，是另外一种更加先进的磁盘组织方式，一般使用 UEFI 来启动磁盘。

MBR 分区记录表仅有 64Byte，每组分区表只有 16Byte，所以可以记录的信息是相当有限的，而且对于操作系统，无法使用 2TB 以上的 MBR 磁盘分区，MBR 保存在第一个扇区，仅有一个区块，若被破坏，基本上无法恢复。MBR 存放的引导程序只有 446Byte，无法存储更多的引导程序代码，不利于后期的代码功能扩充。

在 Linux 操作系统下，假设有一块 80TB 左右的硬盘，如果使用 MBR 分区的话，只能以 2TB 一个分区，最后划分出 40 个分区，这样管理特别不方便。

GPT 分区就可以很好地解决上述问题。GPT 分区会使用 LBA（Logical Block Address，逻辑区块地址）来规划硬盘。GPT 将硬盘所有的区块以 LBA 为单位，默认是 512Byte，第 1 个 LBA 称为 LBA0，即 LBA 编号是从 0 开始的。

GPT 会使用 34 个 LBA 来记录分区信息，远大于 MBR 分区的第 1 个扇区的大小（512Byte）。另外，GPT 还会拿硬盘最后 34 个 LBA 来记录分区信息，做前面 34 个 LBA 的备份，这样会更加安全。

3-3
磁盘分区命令

3.1.3 磁盘分区命令

1. fdisk 命令

如果想对硬盘进行 MBR 分区，那么可以使用 fdisk 命令将硬盘划分成为若干个区。fdisk 直接加上硬盘的设备名称，可以对指定的硬盘进行分区。fdisk 加上-l 选项，再加上硬盘的设备名称，可以显示指定设备的分区情况。

下面来看 fdisk 命令的常用选项，以及各选项的作用。

- m：查看 fdisk 命令使用的所有选项的用法。
- n：new 的缩写，意味着可以增加一个新的分区。
- d：delete 的缩写，可以删除指定的分区。
- p：print 的缩写，在屏幕上打印分区表。
- q：quit 的缩写，退出 fdisk 命令，不保存任何操作。
- w：write 的缩写，将刚才的操作写入到分区表，并退出 fdisk 命令。

在使用 fdisk 命令时，只要按〈m〉键，就可以看到所有选项的解释。不管进行了什么操作，只要退出 fdisk 命令时按〈q〉键，所有的操作都不会生效；如果按下〈w〉键，那么所有的操作就会生效。

下面根据项目需求来演示 fdisk 命令的具体使用。

第 1 步，在 Linux 服务器上扩容 1 块硬盘，大小为 1TB。

1）打开“虚拟机设置”对话框，单击“添加”按钮，打开“添加硬件向导”对话框，单击“下一步”按钮，如图 3-2 所示。

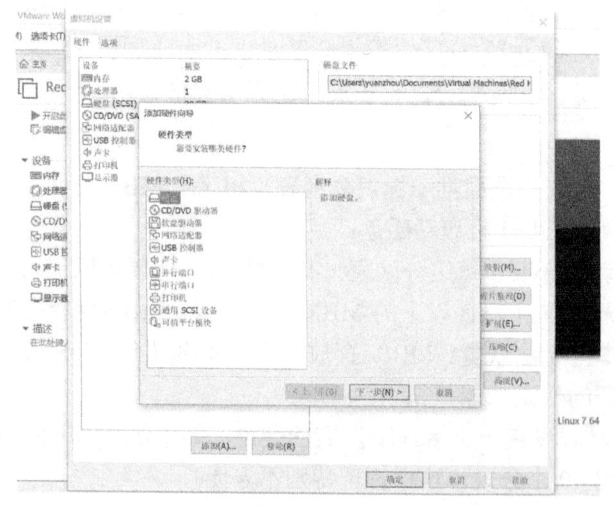

图 3-2 “添加硬件向导”对话框

2）进入“选择磁盘类型”界面，默认选择“SCSI（推荐）”单选按钮，操作如图 3-3 所示。

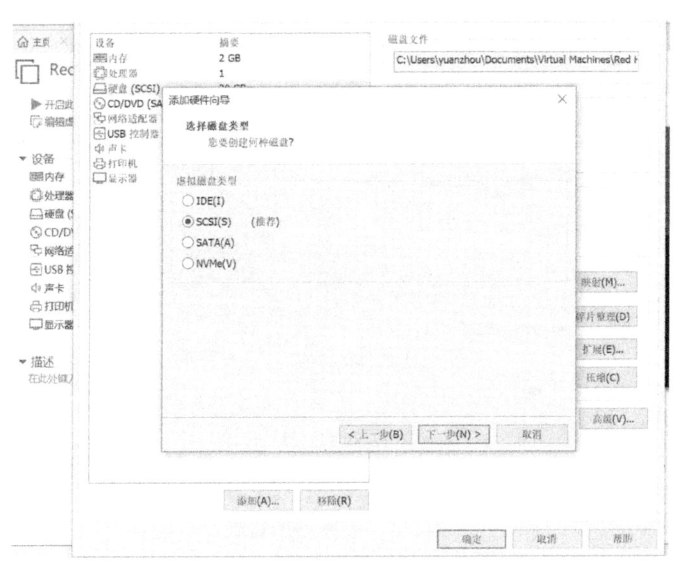

图 3-3 选择磁盘类型

3）在“选择磁盘类型”界面，单击“下一步”按钮，进入“指定磁盘容量”界面，这里输入磁盘大小为 1024GB，即为 1TB，默认选择“将虚拟磁盘拆分成多个文件”单选按钮，如图 3-4 所示。

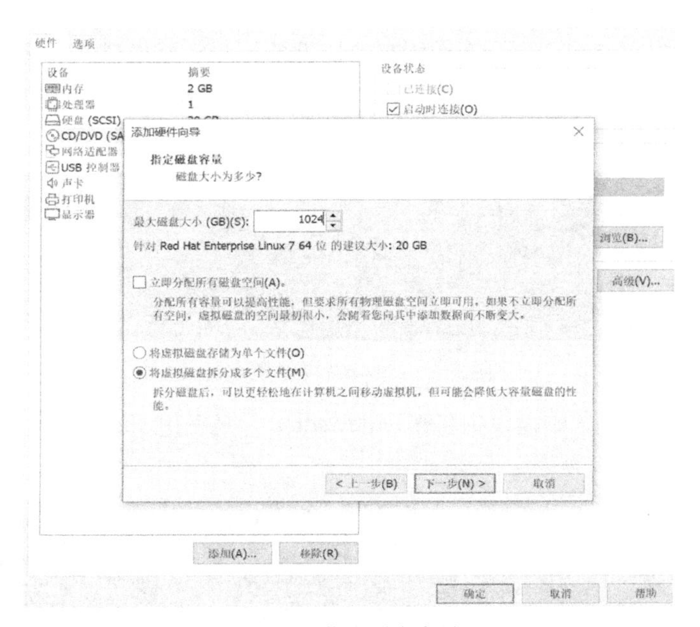

图 3-4 指定磁盘容量

4）单击“下一步”按钮，继续单击“确定”按钮，在“虚拟机设置”对话框的“硬件”选项卡中会发现新添加的硬盘“新硬盘（SCSI）”，大小为 1TB。结果如图 3-5 所示。

由于使用的是虚拟机，所以需要在虚拟机里添加硬盘，如果使用的是物理服务器，直接在服务器上扩容硬盘即可。

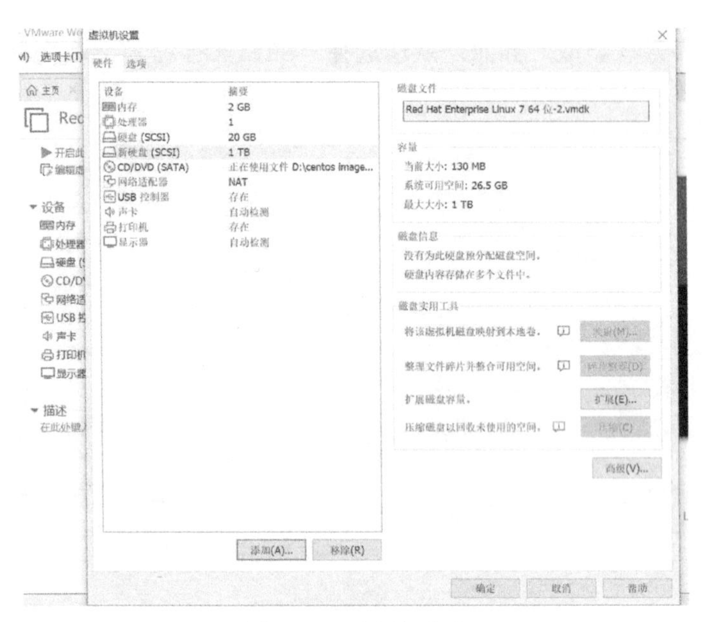

图 3-5　硬盘添加完成

注意：接口类型选择 SCSI，大小选择 1024GB，即大小为 1TB。

添加完成后，硬件列表中多了新硬盘（SCSI），大小为 1TB。

第 2 步，使用 fdisk 命令对该硬盘进行分区。

计划对新扩容的 1TB 硬盘进行分区，分成 3 个区，前 2 个为主分区，第 3 个为扩展分区。

1）在分区前，先用 lsblk 命令查询所有的块设备，明确用来分区的硬盘。在 Linux 系统中，硬盘属于块设备，通过 lsblk 命令可以查询硬盘的设备名称，加上-p 选项可以查看设备名称的绝对路径。命令执行结果如图 3-6 所示。

```
[root@localhost ~]# lsblk -p
NAME                         MAJ:MIN RM   SIZE RO TYPE MOUNTPOINT
/dev/sda                       8:0    0    20G  0 disk
├─/dev/sda1                    8:1    0   500M  0 part /boot
└─/dev/sda2                    8:2    0  19.5G  0 part
  ├─/dev/mapper/rhel-root    253:0    0  17.5G  0 lvm  /
  └─/dev/mapper/rhel-swap    253:1    0     2G  0 lvm  [SWAP]
/dev/sdb                       8:16   0     1T  0 disk
/dev/sr0                      11:0    1   3.5G  0 rom  /run/media/yuanzhou/RHEL-7.0 Server.x86_64
```

图 3-6　lsblk-p 命令执行结果

2）可以看到，新添加的硬盘设备名称为/dev/sdb，于是使用 fdisk /dev/sdb 对该硬盘进行分区。命令执行结果如图 3-7 所示。

```
[root@localhost ~]# fdisk /dev/sdb
欢迎使用 fdisk (util-linux 2.23.2)。

更改将停留在内存中，直到您决定将更改写入磁盘。
使用写入命令前请三思。

Device does not contain a recognized partition table
使用磁盘标识符 0x5805b6b0 创建新的 DOS 磁盘标签。

命令(输入 m 获取帮助):
```

图 3-7　使用 fdisk 命令分区

3）输入 m，可以查看到所有的操作选项。查询结果如图 3-8 所示。

4）输入 n，新建 1 个主分区，大小为 300MB。命令执行结果如图 3-9 所示。

```
命令(输入 m 获取帮助): m
命令操作
   a   toggle a bootable flag
   b   edit bsd disklabel
   c   toggle the dos compatibility flag
   d   delete a partition
   g   create a new empty GPT partition table
   G   create an IRIX (SGI) partition table
   l   list known partition types
   m   print this menu
   n   add a new partition
   o   create a new empty DOS partition table
   p   print the partition table
   q   quit without saving changes
   s   create a new empty Sun disklabel
   t   change a partition's system id
   u   change display/entry units
   v   verify the partition table
   w   write table to disk and exit
   x   extra functionality (experts only)
```

图 3-8　查询所有的操作选项

```
命令(输入 m 获取帮助): n
Partition type:
   p   primary (0 primary, 0 extended, 4 free)
   e   extended
Select (default p):
Using default response p
分区号 (1-4, 默认 1):
起始 扇区 (2048-2147483647, 默认为 2048):
将使用默认值 2048
Last 扇区, +扇区 or +size{K,M,G} (2048-2147483647, 默认为 2147483647): +300M
分区 1 已设置为 Linux 类型, 大小设为 300 MiB
```

图 3-9　创建第一个分区

5）输入 n，新建第 2 个主分区，大小为 300MB，命令执行结果如图 3-10 所示。

```
命令(输入 m 获取帮助): n
Partition type:
   p   primary (1 primary, 0 extended, 3 free)
   e   extended
Select (default p):
Using default response p
分区号 (2-4, 默认 2):
起始 扇区 (616448-2147483647, 默认为 616448):
将使用默认值 616448
Last 扇区, +扇区 or +size{K,M,G} (616448-2147483647, 默认为 2147483647): +300M
分区 2 已设置为 Linux 类型, 大小设为 300 MiB
```

图 3-10　创建第二个分区

6）输入 n，把剩下的空间分给扩展分区。命令执行结果如图 3-11 所示。

```
命令(输入 m 获取帮助): n
Partition type:
   p   primary (2 primary, 0 extended, 2 free)
   e   extended
Select (default p): e
分区号 (3,4, 默认 3):
起始 扇区 (1230848-2147483647, 默认为 1230848):
将使用默认值 1230848
Last 扇区, +扇区 or +size{K,M,G} (1230848-2147483647, 默认为 2147483647):
将使用默认值 2147483647
分区 3 已设置为 Extended 类型, 大小设为 1023.4 GiB
```

图 3-11　创建扩展分区

7）输入 n，在扩展分区的基础上，新建 1 个逻辑分区。命令执行结果如图 3-12 所示。

```
命令(输入 m 获取帮助): n
Partition type:
   p   primary (2 primary, 1 extended, 1 free)
   l   logical (numbered from 5)
Select (default p): l
添加逻辑分区 5
起始 扇区 (1232896-2147483647, 默认为 1232896):
将使用默认值 1232896
Last 扇区, +扇区 or +size{K,M,G} (1232896-2147483647, 默认为 2147483647):
将使用默认值 2147483647
分区 5 已设置为 Linux 类型, 大小设为 1023.4 GiB
```

图 3-12　创建逻辑分区

8）可以看到，逻辑分区的分区号是从 5 开始的。输入 p 命令执行结果如图 3-13 所示。

```
命令(输入 m 获取帮助)：p

磁盘 /dev/sdb：1099.5 GB, 1099511627776 字节，2147483648 个扇区
Units = 扇区 of 1 * 512 = 512 bytes
扇区大小(逻辑/物理)：512 字节 / 512 字节
I/O 大小(最小/最佳)：512 字节 / 512 字节
磁盘标签类型：dos
磁盘标识符：0x9b168ef6

   设备 Boot      Start         End      Blocks   Id  System
/dev/sdb1            2048      616447      307200   83  Linux
/dev/sdb2          616448     1230847      307200   83  Linux
/dev/sdb3         1230848  2147483647  1073126400    5  Extended
/dev/sdb5         1232896  2147483647  1073125376   83  Linux
```

图 3-13　打印所有分区表

使用 p 选项可以打印出这块硬盘的分区表信息，上半部分信息显示的是硬盘的整体状态，包含磁盘的大小、字节数和扇区数、扇区大小、磁盘标签类型等。磁盘标签类型为 dos，意味着磁盘分区使用的是 MBR 分区。

下半部分信息显示的是所有分区的信息。可以看到一共有 4 个分区，前 2 个为主分区，第 3 个为扩展分区，第 4 个是逻辑分区。扩展分区不能被格式化。可以正常使用的分区是第 1、2 个分区（主分区）和第 4 个分区（逻辑分区）。除此以外，还会显示分区的起始扇区和终止扇区。至此已经对硬盘做好分区。

9）输入 w，按〈Enter〉键后，磁盘分区会正式生效。命令执行结果如图 3-14 所示。

```
命令(输入 m 获取帮助)：w
The partition table has been altered!

Calling ioctl() to re-read partition table.
正在同步磁盘。
```

图 3-14　保存分区表

10）使用 fdisk -l /dev/sdb，可以查看该磁盘的分区信息，命令执行结果如图 3-15 所示。l 选项查看的内容和 p 选项操作的内容是一样的，p 选项操作可以查看临时的还未保存的分区信息，l 选项查看到的是已经保存的分区表信息。

```
[root@localhost ~]# fdisk -l /dev/sdb

磁盘 /dev/sdb：1099.5 GB, 1099511627776 字节，2147483648 个扇区
Units = 扇区 of 1 * 512 = 512 bytes
扇区大小(逻辑/物理)：512 字节 / 512 字节
I/O 大小(最小/最佳)：512 字节 / 512 字节
磁盘标签类型：dos
磁盘标识符：0x1eac1d3a

   设备 Boot      Start         End      Blocks   Id  System
/dev/sdb1            2048      616447      307200   83  Linux
/dev/sdb2          616448     1230847      307200   83  Linux
/dev/sdb3         1230848  2147483647  1073126400    5  Extended
/dev/sdb5         1232896  2147483647  1073125376   83  Linux
```

图 3-15　查看分区信息

需要注意的是，fdisk 命令只有 root 用户才能执行，另外，使用的设备名，比如 sdb，后面不要加数字，加数字表示分区，没有数字才表示硬盘。

第 3 步，删除分区。

1）以删除第 2 个分区为例，可以使用 d 选项，然后选择要删除的分区号，这里输入 2，按〈Enter〉键执行，可以看到提示“分区 2 已删除”。

2）删除后，用 p 选项打印分区表，可以看到第 2 个分区/dev/sdb2 已经被删除掉。命令执行结果如图 3-16 所示。

```
命令(输入 m 获取帮助)：d
分区号 (1-3,5，默认 5)：2
分区 2 已删除

命令(输入 m 获取帮助)：p

磁盘 /dev/sdb：1099.5 GB, 1099511627776 字节，2147483648 个扇区
Units = 扇区 of 1 * 512 = 512 bytes
扇区大小(逻辑/物理)：512 字节 / 512 字节
I/O 大小(最小/最佳)：512 字节 / 512 字节
磁盘标签类型：dos
磁盘标识符：0x1eac1d3a

   设备 Boot      Start         End      Blocks   Id  System
/dev/sdb1            2048      616447      307200   83  Linux
/dev/sdb3         1230848  2147483647  1073126400    5  Extended
/dev/sdb5         1232896  2147483647  1073125376   83  Linux
```

图 3-16 删除分区表

3）此时如果按〈w〉键，可以把刚才的删除操作保存到磁盘中，并退出 fdisk 命令；如果只是测试练习，并不是真正删除第 2 个分区，那么可以按〈q〉键，取消刚才的删除操作。使用 fdisk q 命令不保存退出分区表的执行结果如图 3-17 所示。

```
命令(输入 m 获取帮助)：q

[root@localhost ~]# fdisk -l /dev/sdb

磁盘 /dev/sdb：1099.5 GB, 1099511627776 字节，2147483648 个扇区
Units = 扇区 of 1 * 512 = 512 bytes
扇区大小(逻辑/物理)：512 字节 / 512 字节
I/O 大小(最小/最佳)：512 字节 / 512 字节
磁盘标签类型：dos
磁盘标识符：0x1eac1d3a

   设备 Boot      Start         End      Blocks   Id  System
/dev/sdb1            2048      616447      307200   83  Linux
/dev/sdb2          616448     1230847      307200   83  Linux
/dev/sdb3         1230848  2147483647  1073126400    5  Extended
/dev/sdb5         1232896  2147483647  1073125376   83  Linux
```

图 3-17 不保存退出分区表

4）再用 fdisk -l /dev/sdb 查询该磁盘的分区表，发现第 2 个分区还是正常保留的，该硬盘已经按照要求做好了分区。

2．gdisk 命令

如果想对硬盘进行 GPT 分区，可以使用 gdisk 命令。gdisk 命令的使用和 fdisk 命令相似。使用时直接在 gdisk 后加上硬盘的设备名称，可以对指定的硬盘直接进行 GPT 分区。gdisk 加上-l 选项，再加上硬盘的设备名称，可以显示指定设备的分区情况。

gdisk 命令的常用选项和 fdisk 命令是一样的，主要如下。

- n：new 的缩写，可以增加一个新的分区。
- d：delete 的缩写，可以删除指定的分区。
- p：print 的缩写，在屏幕上打印分区表。
- q：quit 的缩写，退出 gdisk 命令，不保存任何操作。
- w：write 的缩写，将刚才的操作写入到分区表，并退出 gdisk 命令。

在使用 gdisk 命令时，按〈?〉键，可以看到所有选项的解释。不管进行了什么操作，只要退出 gdisk 命令时按〈q〉键，那么所有的操作都不会生效。如果按〈w〉键，那么所有的操作就会生效。

下面根据项目需求来演示 gdisk 命令的使用。

第 1 步，在 Linux 服务器上再扩容 1 块硬盘，大小为 3TB。下面的步骤是在虚拟机中完成的，如果在应用当中是实际的服务器，直接扩容即可。

1）打开“虚拟机设置”对话框，单击“添加”按钮，打开“添加硬件向导”对话框。首先，在“硬件类型”列表框中选择“硬盘”，单击“下一步”按钮，如图 3-18 所示。

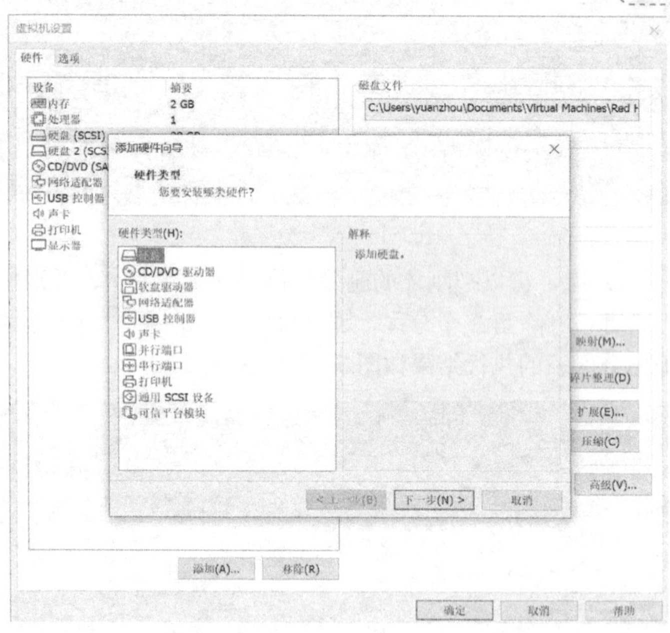

图 3-18　“添加硬件向导”对话框

2）在“选择磁盘类型”界面中，保留默认的“SCSI（推荐）”单选按钮，单击“下一步”按钮，如图 3-19 所示。

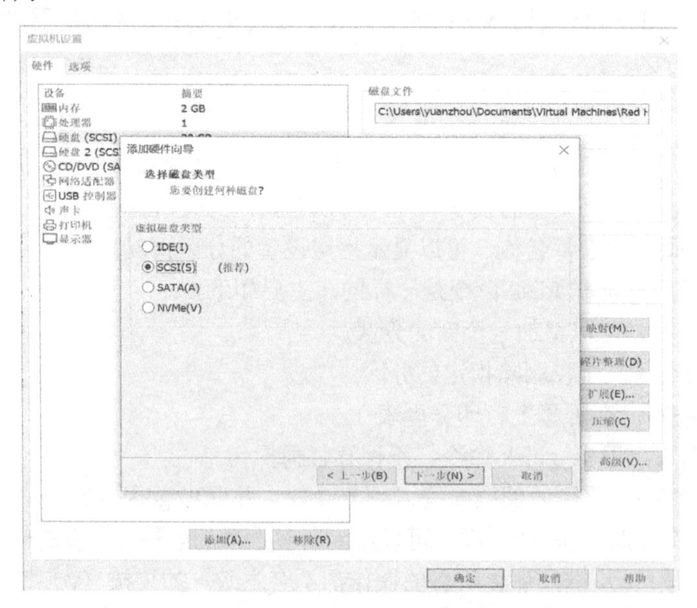

图 3-19　选择磁盘类型

3）在“选择磁盘”界面中，保留默认的“创建新虚拟磁盘”单选按钮即可，然后单击“下一步”按钮，如图 3-20 所示。

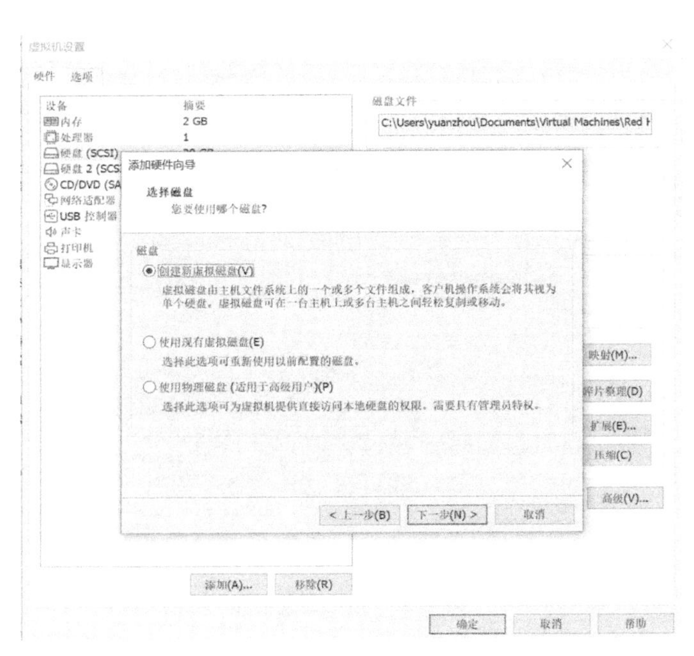

图 3-20　选择磁盘

4）在“指定磁盘容量”界面中，指定磁盘大小为 3096GB，即 3TB，保留默认选中的“将虚拟磁盘拆分成多个文件”单选按钮，然后单击“下一步”按钮，如图 3-21 所示。

图 3-21　指定磁盘容量

5）在“指定磁盘文件”界面中，保留默认的选项即可，直接单击“完成”按钮，如图 3-22 所示。

在“虚拟机设置”对话框中可以看到，添加的磁盘已经可以在虚拟机中正常显示，单击“确定”按钮，大小为 3TB 的磁盘添加完成，如图 3-23 所示。

第 2 步，使用 gdisk 命令对新扩容的大小为 3TB 的硬盘进行分区。

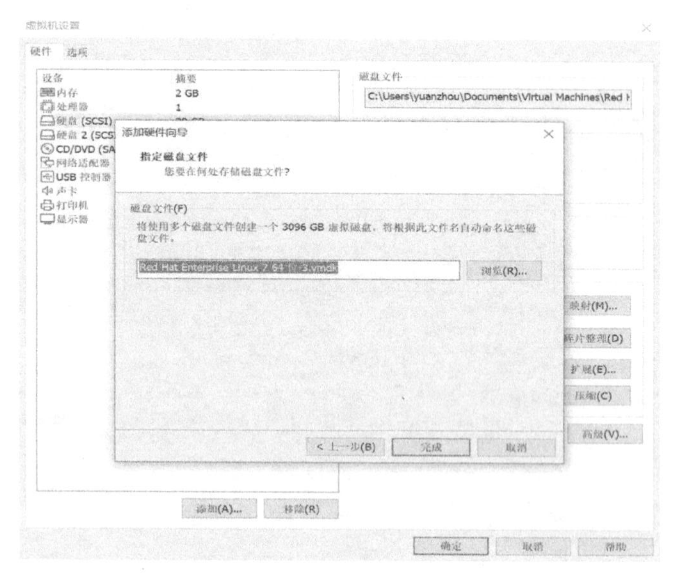

图 3-22　指定磁盘文件

图 3-23　完成磁盘创建

1）计划对该硬盘进行分区，分成 4 个区，大小分别为 1TB、1TB、512GB、512GB。gdisk 命令是进行 GPT 分区，所有的分区都是主分区。在分区前，需要先用 lsblk 命令查询所有的块设备，明确待分区的硬盘和该硬盘的设备名称。查询结果如图 3-24 所示。

```
[root@localhost ~]# lsblk
NAME          MAJ:MIN RM    SIZE RO TYPE MOUNTPOINT
sda             8:0    0     20G  0 disk
├─sda1          8:1    0    500M  0 part /boot
└─sda2          8:2    0   19.5G  0 part
  ├─rhel-root 253:0    0   17.5G  0 lvm  /
  └─rhel-swap 253:1    0      2G  0 lvm  [SWAP]
sdb             8:16   0      1T  0 disk
├─sdb1          8:17   0    300M  0 part
├─sdb2          8:18   0    300M  0 part
├─sdb3          8:19   0      1K  0 part
└─sdb5          8:21   0 1023.4G  0 part
sdc             8:32   0      3T  0 disk
sr0            11:0    1    3.5G  0 rom
```

图 3-24　lsblk 命令执行结果

可以看到新扩容待分区的硬盘名称为 sdc，大小为 3TB，类型为磁盘，全称为/dev/sdc。

2）使用 gdisk /dev/sdc 对该硬盘进行 GPT 分区。命令执行结果如图 3-25 所示。

```
[root@localhost ~]# gdisk /dev/sdc
GPT fdisk (gdisk) version 0.8.6

Partition table scan:
  MBR: not present
  BSD: not present
  APM: not present
  GPT: not present

Creating new GPT entries.

Command (? for help):
```

图 3-25　使用 gdisk 命令进行磁盘分区

3）可以看到目前该硬盘没有分区表，因为它是一块新的硬盘。gdisk 命令是用来创建 GPT 分区的，输入 ? 可以看到命令帮助。执行结果如图 3-26 所示。

```
Command (? for help): ?
b       back up GPT data to a file
c       change a partition's name
d       delete a partition
i       show detailed information on a partition
l       list known partition types
n       add a new partition
o       create a new empty GUID partition table (GPT)
p       print the partition table
q       quit without saving changes
r       recovery and transformation options (experts only)
s       sort partitions
t       change a partition's type code
v       verify disk
w       write table to disk and exit
x       extra functionality (experts only)
?       print this menu
```

图 3-26　使用 gdisk 命令中的?选项显示帮助

4）输入 n，创建第 1 个分区，大小为 1TB，执行结果如图 3-27 所示。

```
Command (? for help): n
Partition number (1-128, default 1):
First sector (34-6492782558, default = 2048) or {+-}size{KMGTP}:
Last sector (2048-6492782558, default = 6492782558) or {+-}size{KMGTP}: +1T
Current type is 'Linux filesystem'
Hex code or GUID (L to show codes, Enter = 8300):
Changed type of partition to 'Linux filesystem'
```

图 3-27　创建第 1 个分区

5）输入 n，创建第 2 个分区，大小为 1TB，执行结果如图 3-28 所示。

```
Command (? for help): n
Partition number (2-128, default 2):
First sector (34-6492782558, default = 2147485696) or {+-}size{KMGTP}:
Last sector (2147485696-6492782558, default = 6492782558) or {+-}size{KMGTP}: +1T
Current type is 'Linux filesystem'
Hex code or GUID (L to show codes, Enter = 8300):
Changed type of partition to 'Linux filesystem'
```

图 3-28　创建第 2 个分区

6）输入 n，创建第 3 个分区，大小为 512GB，执行结果如图 3-29 所示。

```
Command (? for help): n
Partition number (3-128, default 3):
First sector (34-6492782558, default = 4294969344) or {+-}size{KMGTP}:
Last sector (4294969344-6492782558, default = 6492782558) or {+-}size{KMGTP}: +512G
Current type is 'Linux filesystem'
Hex code or GUID (L to show codes, Enter = 8300):
Changed type of partition to 'Linux filesystem'
```

图 3-29　创建第 3 个分区

7）输入 n，创建第 4 个分区，大小为 512GB，执行结果如图 3-30 所示。

```
Command (? for help): n
Partition number (4-128, default 4):
First sector (34-6492782558, default = 5368711168) or {+-}size{KMGTP}:
Last sector (5368711168-6492782558, default = 6492782558) or {+-}size{KMGTP}: +512G
Current type is 'Linux filesystem'
Hex code or GUID (L to show codes, Enter = 8300):
Changed type of partition to 'Linux filesystem'
```

图 3-30 创建第 4 个分区

8）通过 n 选项依次创建了 4 个分区，然后使用 p 选项打印分区表，结果如图 3-31 所示。

```
Command (? for help): p
Disk /dev/sdc: 6492782592 sectors, 3.0 TiB
Logical sector size: 512 bytes
Disk identifier (GUID): 48550082-5312-4FF2-8802-44244390EB4C
Partition table holds up to 128 entries
First usable sector is 34, last usable sector is 6492782558
Partitions will be aligned on 2048-sector boundaries
Total free space is 50331581 sectors (24.0 GiB)

Number  Start (sector)    End (sector)  Size       Code  Name
   1            2048      2147485695   1024.0 GiB  8300  Linux filesystem
   2      2147485696      4294969343   1024.0 GiB  8300  Linux filesystem
   3      4294969344      5368711167   512.0 GiB   8300  Linux filesystem
   4      5368711168      6442452991   512.0 GiB   8300  Linux filesystem
```

图 3-31 打印分区表

可以看到，该硬盘已经成功分成 4 个分区。使用 p 选项可以列出当前磁盘的分区表信息。上半部分信息显示磁盘的整体状态，容量大小为 3TB，共有 6 492 782 592 个扇区，每个扇区的容量为 512Byte。下半部分主要列出了每个分区的信息，其中 Number 表示分区号，Start 代表每一个分区的开始扇区号，End 代表每一个分区的结束扇区号，通过 End 和 Start 可以算出分区的大小，Size 表示分区的容量，Code 表示分区的文件系统类型，Name 表示文件系统的名称，此处表示 Linux 文件系统。

9）输入 w 并按〈Enter〉键后，磁盘分区正式生效。然后使用 gdisk -l /dev/sdc 查看分区表的信息。命令执行结果如图 3-32 所示。

```
Command (? for help): w

Final checks complete. About to write GPT data. THIS WILL OVERWRITE EXISTING
PARTITIONS!!

Do you want to proceed? (Y/N): y
OK; writing new GUID partition table (GPT) to /dev/sdc.
The operation has completed successfully.
```

图 3-32 保存所创建的分区

10）如果想删除某一个分区，可以使用 d 选项。输入 d，接着输入待删除的分区号，输入 4 并按〈Enter〉键，然后输入 p 打印分区表信息，发现第 4 个分区被删除掉了。命令执行结果如图 3-33 所示。

```
Command (? for help): d
Partition number (1-4): 4

Command (? for help): p
Disk /dev/sdc: 6492782592 sectors, 3.0 TiB
Logical sector size: 512 bytes
Disk identifier (GUID): 48550082-5312-4FF2-8802-44244390EB4C
Partition table holds up to 128 entries
First usable sector is 34, last usable sector is 6492782558
Partitions will be aligned on 2048-sector boundaries
Total free space is 1124073405 sectors (536.0 GiB)

Number  Start (sector)    End (sector)  Size       Code  Name
   1            2048      2147485695   1024.0 GiB  8300  Linux filesystem
   2      2147485696      4294969343   1024.0 GiB  8300  Linux filesystem
   3      4294969344      5368711167   512.0 GiB   8300  Linux filesystem
```

图 3-33 删除分区

11）此时，如果不想让该删除生效，可以使用 q 选项退出 gdisk 命令并且使刚才的删除操作不生效。再用 gdisk -l /dev/sdc 查看该硬盘，发现分区还是删除前的 4 个分区。命令执行结果如图 3-34 所示。

```
Command (? for help): q
[root@localhost ~]# gdisk -l /dev/sdc
GPT fdisk (gdisk) version 0.8.6

Partition table scan:
  MBR: protective
  BSD: not present
  APM: not present
  GPT: present

Found valid GPT with protective MBR; using GPT.
Disk /dev/sdc: 6492782592 sectors, 3.0 TiB
Logical sector size: 512 bytes
Disk identifier (GUID): 48550082-5312-4FF2-8802-44244390EB4C
Partition table holds up to 128 entries
First usable sector is 34, last usable sector is 6492782558
Partitions will be aligned on 2048-sector boundaries
Total free space is 50331581 sectors (24.0 GiB)

Number  Start (sector)    End (sector)  Size       Code  Name
   1            2048      2147485695   1024.0 GiB  8300  Linux filesystem
   2      2147485696      4294969343   1024.0 GiB  8300  Linux filesystem
   3      4294969344      5368711167   512.0 GiB   8300  Linux filesystem
   4      5368711168      6442452991   512.0 GiB   8300  Linux filesystem
```

图 3-34　不保存退出分区表

任务 3.2　创建文件系统、挂载与卸载文件系统

在任务 3.1 中已经对磁盘进行了分区，接着要进行格式化。格式化就是创建文件系统。目前最常用的文件系统有 EXT4 和 XFS，RHEL 6 默认采用 EXT4 文件系统，RHEL 7 及以后版本默认采用 XFS 文件系统。创建文件系统的命令是 mkfs。文件系统创建完成后，还需要把文件系统挂载才能正常存储。下面介绍这些知识。

3.2.1　了解 EXT2/EXT3/EXT4 文件系统

Linux 操作系统中最传统的文件系统是 EXT2，EXT3 和 EXT4 是从 EXT2 衍生而来的，所以，要了解文件系统，就得要由 EXT2 开始。

1）EXT2：EXT2（第 2 代扩展文件系统）是由 Remy Card 实现并于 1993 年 1 月引入到 Linux 中。它借鉴了当时文件系统（比如 Berkeley Fast File System 简称 FFS）的先进想法。EXT2 支持的最大容量为 2TB，但是 2.6 内核将该文件系统支持的最大容量提升到 32TB。

2）EXT3：EXT3 文件系统是 Linux 中最常用的文件系统，是 RHEL 7.2 的新特性，也被称为第 3 代扩展文件系统。现在 EXT3 已经成为许多 Linux 操作系统的默认文件系统类型（包括 Fedora 和 RHEL）。EXT2 和 EXT3 可以方便地互相转换，转换前不需重新格式化文件系统。与 EXT2 文件系统相比，EXT3 包含了日志功能。日志功能维护了最近更改的源数据（源数据是指和文件有关的信息，包括权限、所有者、创建时间和访问时间等）的记录，如果源数据由于非法关机等原因遭到破坏，文件系统将不能正常工作。通过 EXT3 的日志系统，可以进行适当的恢复。此外，EXT3 的日志功能可使硬盘读写磁头的移动达到最佳化。

3-6
文件系统介绍

3）EXT4：2.6.28 内核是首个稳定的 EXT4 文件系统，在性能、伸缩性和可靠性方面进行了

大量改进。EXT4 支持 1EB 的文件系统，是由 Theodore Tso（EXT3 的维护者）领导的开发团队实现的，并引入到 2.6.19 内核中。EXT4 文件系统能够批量分配块，从而极大地提高了读写效率。

3.2.2 了解 XFS 文件系统

EXT 家族支持度最广，但存在一些缺点，如创建文件系统（格式化）慢、文件系统修复慢、文件系统存储容量有限、支持的最大文件系统容量为 50TB。XFS 文件系统同样是一种日志式文件系统，它本身有着很多优势，如高容量、大存储、支持的最大文件系统容量为 500TB、高性能、创建/修复文件系统快等。RHEL 7 默认使用 XFS 文件系统。

XFS 文件系统包含数据区（Data Section）、日志区（Log Section）、实时运行区 （Realtime-Section）。

数据区与 EXT 家族相似，inode/data block/superblock 等信息都放在该区块。因为 inode 和 block 都是系统用到的时候动态分配的，所以格式化的速度很快。block 容量可以设置为 512Byte～64KB，一般不超过 4KB，inode 可以设置为 256Byte～2MB，一般 256Byte 就足够使用。

日志区的作用类似 EXT 文件系统的日志区，该区块数据的读写是非常频繁的，XFS 文件系统可以设置外部的磁盘作为日志区，如果将固态硬盘作为日志区，记录的速度就会很快。

实时运行区指的是当有文件要建立时，XFS 文件系统会在这个区块里找到一个或数个 extent 区块，将文件放在该区块内，等待存储分配完毕后，再写入 inode 和 block 中。这个 extent 区块的大小在格式化时就需要指定，一般不会修改，最小值为 4KB，最大值到 1GB，一般默认为 64KB。

3.2.3 创建文件系统

创建文件系统使用 mkfs 命令。这个命令可以调用正确的文件系统格式化工具软件创建文件系统。

1. 创建 EXT4 文件系统

如果想创建 EXT4 文件系统，可以使用 mkfs.ext4 或者 mkfs -t ext4 命令。

下面根据项目需求，把新扩容的 1TB 硬盘的 3 个分区格式化为 EXT4 文件系统。

3-7 创建&挂载文件系统

1）把第 1 个分区格式化为 EXT4 文件系统。执行结果如图 3-35 所示。

```
[root@localhost ~]# mkfs.ext4 /dev/sdb1
mke2fs 1.42.9 (28-Dec-2013)
文件系统标签=
OS type: Linux
块大小=1024 (log=0)
分块大小=1024 (log=0)
Stride=0 blocks, Stripe width=0 blocks
76912 inodes, 307200 blocks
15360 blocks (5.00%) reserved for the super user
第一个数据块=1
Maximum filesystem blocks=33947648
38 block groups
8192 blocks per group, 8192 fragments per group
2024 inodes per group
Superblock backups stored on blocks:
        8193, 24577, 40961, 57345, 73729, 204801, 221185

Allocating group tables: 完成
正在写入inode表: 完成
Creating journal (8192 blocks): 完成
Writing superblocks and filesystem accounting information: 完成
```

图 3-35 把第 1 个分区格式化为 EXT4 文件系统

2）把第 2 个分区格式化为 EXT4 文件系统。执行结果如图 3-36 所示。

```
[root@localhost ~]# mkfs.ext4 /dev/sdb2
mke2fs 1.42.9 (28-Dec-2013)
文件系统标签=
OS type: Linux
块大小=1024 (log=0)
分块大小=1024 (log=0)
Stride=0 blocks, Stripe width=0 blocks
76912 inodes, 307200 blocks
15360 blocks (5.00%) reserved for the super user
第一个数据块=1
Maximum filesystem blocks=33947648
38 block groups
8192 blocks per group, 8192 fragments per group
2024 inodes per group
Superblock backups stored on blocks:
        8193, 24577, 40961, 57345, 73729, 204801, 221185

Allocating group tables: 完成
正在写入inode表: 完成
Creating journal (8192 blocks): 完成
Writing superblocks and filesystem accounting information: 完成
```

图 3-36　把第 2 个分区格式化为 EXT4 文件系统

3）把第 3 个分区格式化，发现第 3 个分区不能被正常格式化，提示格式化失败。这是因为第 3 个分区为扩展分区。执行结果如图 3-37 所示。

```
[root@localhost ~]# mkfs.ext4 /dev/sdb3
mke2fs 1.42.9 (28-Dec-2013)
mkfs.ext4: inode_size (128) * inodes_count (0) too big for a
        filesystem with 0 blocks, specify higher inode_ratio (-i)
        or lower inode count (-N).
```

图 3-37　把第 3 个分区格式化失败

4）最后一个分区为逻辑分区，磁盘名称为/dev/sdb5，将其格式化为 EXT4 文件系统（逻辑分区是可以正常被格式化的）。执行结果如图 3-38 所示。

```
[root@localhost ~]# mkfs.ext4 /dev/sdb5
mke2fs 1.42.9 (28-Dec-2013)
文件系统标签=
OS type: Linux
块大小=4096 (log=2)
分块大小=4096 (log=2)
Stride=0 blocks, Stripe width=0 blocks
67076096 inodes, 268281344 blocks
13414067 blocks (5.00%) reserved for the super user
第一个数据块=0
Maximum filesystem blocks=2415919104
8188 block groups
32768 blocks per group, 32768 fragments per group
8192 inodes per group
Superblock backups stored on blocks:
        32768, 98304, 163840, 229376, 294912, 819200, 884736, 1605632, 2654208,
        4096000, 7962624, 11239424, 20480000, 23887872, 71663616, 78675968,
        102400000, 214990848

Allocating group tables: 完成
正在写入inode表: 完成
Creating journal (32768 blocks): 完成
Writing superblocks and filesystem accounting information: 完成
```

图 3-38　把最后一个分区格式化为 EXT4 文件系统

mkfs.ext4 命令常用的选项有：-b，设置区块的大小，可以设置为 1KB、2KB、4KB；-L 可以设置文件系统的卷标名称。

2. 创建 XFS 文件系统

如果想创建 XFS 文件系统，可以使用 mkfs.xfs 或者 mkfs -t xfs 命令。下面根据项目需求，把新扩容的 3TB 硬盘的 4 个分区格式化为 XFS 文件系统。

1）把第 1 个分区格式化为 XFS 文件系统，执行结果如图 3-39 所示。

```
[root@localhost ~]# mkfs.xfs /dev/sdc1
meta-data=/dev/sdc1              isize=256    agcount=4, agsize=67108864 blks
         =                       sectsz=512   attr=2, projid32bit=1
         =                       crc=0
data     =                       bsize=4096   blocks=268435456, imaxpct=5
         =                       sunit=0      swidth=0 blks
naming   =version 2              bsize=4096   ascii-ci=0 ftype=0
log      =internal log           bsize=4096   blocks=131072, version=2
         =                       sectsz=512   sunit=0 blks, lazy-count=1
realtime =none                   extsz=4096   blocks=0, rtextents=0
```

图 3-39 把第 1 个分区格式化为 XFS 文件系统

2）把第 2 个分区格式化为 XFS 文件系统，执行结果如图 3-40 所示。

```
[root@localhost ~]# mkfs.xfs /dev/sdc2
meta-data=/dev/sdc2              isize=256    agcount=4, agsize=67108864 blks
         =                       sectsz=512   attr=2, projid32bit=1
         =                       crc=0
data     =                       bsize=4096   blocks=268435456, imaxpct=5
         =                       sunit=0      swidth=0 blks
naming   =version 2              bsize=4096   ascii-ci=0 ftype=0
log      =internal log           bsize=4096   blocks=131072, version=2
         =                       sectsz=512   sunit=0 blks, lazy-count=1
realtime =none                   extsz=4096   blocks=0, rtextents=0
```

图 3-40 把第 2 个分区格式化为 XFS 文件系统

3）把第 3 个分区格式化为 XFS 文件系统，执行结果如图 3-41 所示。

```
[root@localhost ~]# mkfs.xfs /dev/sdc3
meta-data=/dev/sdc3              isize=256    agcount=4, agsize=33554432 blks
         =                       sectsz=512   attr=2, projid32bit=1
         =                       crc=0
data     =                       bsize=4096   blocks=134217728, imaxpct=25
         =                       sunit=0      swidth=0 blks
naming   =version 2              bsize=4096   ascii-ci=0 ftype=0
log      =internal log           bsize=4096   blocks=65536, version=2
         =                       sectsz=512   sunit=0 blks, lazy-count=1
realtime =none                   extsz=4096   blocks=0, rtextents=0
```

图 3-41 把第 3 个分区格式化为 XFS 文件系统

4）把第 4 个分区格式化为 XFS 文件系统，执行结果如图 3-42 所示。

```
[root@localhost ~]# mkfs.xfs /dev/sdc4
meta-data=/dev/sdc4              isize=256    agcount=4, agsize=33554432 blks
         =                       sectsz=512   attr=2, projid32bit=1
         =                       crc=0
data     =                       bsize=4096   blocks=134217728, imaxpct=25
         =                       sunit=0      swidth=0 blks
naming   =version 2              bsize=4096   ascii-ci=0 ftype=0
log      =internal log           bsize=4096   blocks=65536, version=2
         =                       sectsz=512   sunit=0 blks, lazy-count=1
realtime =none                   extsz=4096   blocks=0, rtextents=0
```

图 3-42 把第 4 个分区格式化为 XFS 文件系统

使用默认的 XFS 文件系统完成格式化速度很快。从格式化成功后输出的信息，用户可以看到 inode、block 的大小，以及 block 的数量等重要信息。

3.2.4 挂载与卸载文件系统

硬盘已经成功分区并且完成格式化，但是现在还不能正常存储数据。这是因为文件系统只有被挂载后才可以正常使用。文件系统的挂载点必须是目录，这个目录就是进入文件系统的入口。

当把某个文件系统挂载到某目录的时候，该文件系统和目录应该是一一对应的，也就是说，某一文件系统不应该被重复挂载到不同的挂载目录中，某一目录也不应该重复挂载多个文件系统。

如果将某一目录作为挂载点，该目录应该是空目录。如果用来挂载的目录并不是空的，那么挂载了文件系统以后，目录下的原文件会暂时消失，即被暂时地隐藏掉，直到卸载挂载后，目录下的原文件才会恢复。

1. 挂载文件系统——mount 命令

命令功能：将设备挂载到挂载点处。

命令格式：mount [文件系统类型] [存储设备] [挂载点]

其中，文件系统类型通常由系统自动识别，所以可以省略，存储设备为对应分区的设备文件名或网络资源路径，挂载点为用户指定用于挂载的目录。

下面介绍 mount 命令的具体用法。

- mount -a：依照挂载命令配置文件/etc/fstab 的数据将所有未挂载的磁盘都挂载上来。
- mount -l：没有-l 参数时会显示当前挂载的信息，加上-l 参数后可增加 LABEL 列。
- mount -t：可以加上文件系统种类来指定挂载的文件系统类型。Linux 支持的类型有：XFS、EXT3、EXT4、VFAT、iso9660（光盘格式）、NFS、cifs、smbfs（后 3 种为网络文件系统类型）。-t 选项使用得很少，系统会自动分析最恰当的文件系统来尝试挂载用户需要的设备。
- mount -n：安静模式，默认情况，系统会将挂载的实际情况实时写入 /etc/mtab 中，保证其他程序的运行。但在某些情况（例如单人维护模式）下，为了避免问题，可使用-n 参数刻意不写入。
- mount -o：后面可以接一些额外的选项参数，比如账号、密码、读写权限等。

常用的额外选项参数如表格 3-1 所示。

表 3-1 mount 命令的额外选项参数

选项参数	功能
ro、rw	设定挂载文件系统的权限为只读（ro）或可擦写（rw）
sync、async	此文件系统是否使用同步写入（sync）或异步写入（async）的内存机制
auto、noauto	是否允许此分区被以 mount -a 自动挂载（auto）
dev、nodev	是否允许在此分区上创建设备文件
suid、nosuid	是否允许此分区含有 suid/sgid 的文件格式
user、nouser	是否允许此分区让任何使用者运行 mount 命令，默认情况下，mount 仅有 root 用户可以，user 参数可以让一般用户也能够对此分区运行 mount 命令
exec、noexec	是否允许在此分区中有可运行二进制文件
defaults	默认值为 rw、suid、dev、exec、auto、nouser、async

2. 卸载文件系统——umount 命令

命令功能：将已挂载的文件系统卸载，例如 U 盘、光盘挂载到 Linux 主机后，不能直接退出，需要全部卸载后才可以退出。卸载后可以使用 df 或 mount -l 命令查看卸载对象是否仍存在于目录树中。

命令格式：umount 设备文件名或挂载点

umount 命令后面跟设备文件名或者挂载点，就可以把该文件系统直接卸载掉。umount 命令常用的选项与参数如下。

- -f：强制卸载。
- -l：立即卸载文件系统，卸载强度比-f 还强。

- -n：在不更新/etc/mtab 的情况下卸载。

下面根据项目需要，演示通过 mount 和 umount 命令来挂载和卸载文件系统。

1）在挂载目录/mnt 下，先创建 3 个目录，/mnt/disk1_1、/mnt/disk1_2、/mnt/disk1_3，用来挂载新扩容的第一个硬盘的 3 个分区。

2）再创建 4 个目录，/mnt/disk2_1、/mnt/disk2_2、/mnt/disk2_3、/mnt/disk2_4，用来挂载新扩容的第二个硬盘的 4 个分区。创建目录的命令如图 3-43 所示。

```
[root@localhost ~]# mkdir /mnt/disk1_{1..3}
[root@localhost ~]# mkdir /mnt/disk2_{1..4}
[root@localhost ~]# ll /mnt
总用量 0
drwxr-xr-x. 2 root root 6 2月   1 12:20 disk1_1
drwxr-xr-x. 2 root root 6 2月   1 12:20 disk1_2
drwxr-xr-x. 2 root root 6 2月   1 12:20 disk1_3
drwxr-xr-x. 2 root root 6 2月   1 12:20 disk2_1
drwxr-xr-x. 2 root root 6 2月   1 12:20 disk2_2
drwxr-xr-x. 2 root root 6 2月   1 12:20 disk2_3
drwxr-xr-x. 2 root root 6 2月   1 12:20 disk2_4
```

图 3-43　创建挂载目录

3）用 mount 命令把各个文件系统（或分区）挂载到各挂载点下。执行过程如图 3-44 所示。

```
[root@localhost ~]# mount /dev/sdb1 /mnt/disk1_1
[root@localhost ~]# mount /dev/sdb2 /mnt/disk1_2
[root@localhost ~]# mount /dev/sdb5 /mnt/disk1_3
[root@localhost ~]# mount /dev/sdc1 /mnt/disk2_1
[root@localhost ~]# mount /dev/sdc2 /mnt/disk2_2
[root@localhost ~]# mount /dev/sdc3 /mnt/disk2_3
[root@localhost ~]# mount /dev/sdc4 /mnt/disk2_4
```

图 3-44　用 mount 命令进行挂载

4）使用 df 命令查看文件系统的挂载情况。df 命令执行结果如图 3-45 所示。

```
[root@localhost ~]# df
文件系统                   1K-块    已用       可用 已用% 挂载点
/dev/mapper/rhel-root  18348032 3031136   15316896   17% /
devtmpfs                 926100       0     926100    0% /dev
tmpfs                    935380      80     935300    1% /dev/shm
tmpfs                    935380    9140     926240    1% /run
tmpfs                    935380       0     935380    0% /sys/fs/cgroup
/dev/sda1                508588  121212     387376   24% /boot
/dev/sr0                3654720 3654720          0  100% /run/media/root/RHEL-7.0 Server.x86_64
/dev/sdb1                289285    2062     267767    1% /mnt/disk1_1
/dev/sdb2                289285    2062     267767    1% /mnt/disk1_2
/dev/sdb5            1056149972   77848 1002399472    1% /mnt/disk1_3
/dev/sdc1            1073217536   32928 1073184608    1% /mnt/disk2_1
/dev/sdc2            1073217536   32928 1073184608    1% /mnt/disk2_2
/dev/sdc3             536608768   32928  536575840    1% /mnt/disk2_3
/dev/sdc4             536608768   32928  536575840    1% /mnt/disk2_4
```

图 3-45　df 命令执行结果

可以看到新创建的几个文件系统都已经挂载，在最后一列可以看到挂载点目录。

5）可以使用挂载点对文件系统进行读写操作，如通过挂载目录存储文件和访问文件。在/dev/sdb1 文件系统下创建 100 个文件，具体执行命令如图 3-46 所示。

```
[root@localhost ~]# cd /mnt/disk1_1
[root@localhost disk1_1]# touch file{1..100}
[root@localhost disk1_1]# ls
file1    file16  file23  file30  file38  file45  file52  file6   file67  file74  file81  file89  file96
file10   file17  file24  file31  file39  file46  file53  file60  file68  file75  file82  file9   file97
file100  file18  file25  file32  file4   file47  file54  file61  file69  file76  file83  file90  file98
file11   file19  file26  file33  file40  file48  file55  file62  file7   file77  file84  file91  file99
file12   file2   file27  file34  file41  file49  file56  file63  file70  file78  file85  file92  lost+found
file13   file20  file28  file35  file42  file5   file57  file64  file71  file79  file86  file93
file14   file21  file29  file36  file43  file50  file58  file65  file72  file8   file87  file94
file15   file22  file3   file37  file44  file51  file59  file66  file73  file80  file88  file95
```

图 3-46　在挂载目录创建文件

6）在某个文件中写入内容，并试着读文件的内容。执行结果如图 3-47 所示。

```
[root@localhost disk1_1]# echo "hello" >>file1
[root@localhost disk1_1]# cat file1
hello
```

图 3-47 写入并读取文件内容

通过挂载目录/mnt/disk1_1，实现对/dev/sdb1 文件系统的正常读写。

对文件系统进行卸载，可以使用 umount 命令。umount 命令后面跟文件系统名称或者挂载点目录，都可以实现对相应文件系统的卸载。

1）卸载前，通过 df 命令查询，可以看到/dev/sdc1 已被正常挂载。查询结果如图 3-48 所示。

```
[root@localhost disk1_1]# df
文件系统                    1K-块     已用       可用 已用% 挂载点
/dev/mapper/rhel-root   18348032 3031396   15316636   17% /
devtmpfs                  926100       0     926100    0% /dev
tmpfs                     935380      80     935300    1% /dev/shm
tmpfs                     935380    9140     926240    1% /run
tmpfs                     935380       0     935380    0% /sys/fs/cgroup
/dev/sda1                 508588  121212     387376   24% /boot
/dev/sr0                 3654720 3654720          0  100% /run/media/root/RHEL-7.0 Server.x86_64
/dev/sdb1                 289285    2066     267763    1% /mnt/disk1_1
/dev/sdb2                 289285    2062     267767    1% /mnt/disk1_2
/dev/sdb5             1056149972   77848 1002399472    1% /mnt/disk1_3
/dev/sdc1             1073217536   32928 1073184608    1% /mnt/disk2_1
/dev/sdc2             1073217536   32928 1073184608    1% /mnt/disk2_2
/dev/sdc3              536608768   32928  536575840    1% /mnt/disk2_3
/dev/sdc4              536608768   32928  536575840    1% /mnt/disk2_4
```

图 3-48 df 命令执行结果

2）执行 umount /dev/sdc1 命令，再通过 df 查询，可以看到已挂载的文件系统里已经没有了/dev/sdc1。执行结果如图 3-49 所示。

```
[root@localhost disk1_1]# umount /dev/sdc1
[root@localhost disk1_1]# df
文件系统                    1K-块     已用       可用 已用% 挂载点
/dev/mapper/rhel-root   18348032 3031148   15316884   17% /
devtmpfs                  926100       0     926100    0% /dev
tmpfs                     935380      80     935300    1% /dev/shm
tmpfs                     935380    9140     926240    1% /run
tmpfs                     935380       0     935380    0% /sys/fs/cgroup
/dev/sda1                 508588  121212     387376   24% /boot
/dev/sr0                 3654720 3654720          0  100% /run/media/root/RHEL-7.0 Server.x86_64
/dev/sdb1                 289285    2066     267763    1% /mnt/disk1_1
/dev/sdb2                 289285    2062     267767    1% /mnt/disk1_2
/dev/sdb5             1056149972   77848 1002399472    1% /mnt/disk1_3
/dev/sdc2             1073217536   32928 1073184608    1% /mnt/disk2_2
/dev/sdc3              536608768   32928  536575840    1% /mnt/disk2_3
/dev/sdc4              536608768   32928  536575840    1% /mnt/disk2_4
```

图 3-49 通过文件系统名称卸载

上面是通过文件系统名称完成卸载的，还可以通过挂载点目录进行卸载。通过挂载点目录卸载如图 3-50 所示。

```
[root@localhost disk1_1]# umount /mnt/disk2_2
[root@localhost disk1_1]# df
文件系统                    1K-块     已用       可用 已用% 挂载点
/dev/mapper/rhel-root   18348032 3031184   15316848   17% /
devtmpfs                  926100       0     926100    0% /dev
tmpfs                     935380      80     935300    1% /dev/shm
tmpfs                     935380    9140     926240    1% /run
tmpfs                     935380       0     935380    0% /sys/fs/cgroup
/dev/sda1                 508588  121212     387376   24% /boot
/dev/sr0                 3654720 3654720          0  100% /run/media/root/RHEL-7.0 Server.x86_64
/dev/sdb1                 289285    2066     267763    1% /mnt/disk1_1
/dev/sdb2                 289285    2062     267767    1% /mnt/disk1_2
/dev/sdb5             1056149972   77848 1002399472    1% /mnt/disk1_3
/dev/sdc3              536608768   32928  536575840    1% /mnt/disk2_3
/dev/sdc4              536608768   32928  536575840    1% /mnt/disk2_4
```

图 3-50 通过挂载点目录卸载

执行 umount /mnt/disk2_2 命令，可以看到/dev/sdc2 被卸载。

使用 mount 命令挂载是手动挂载，它只是临时的挂载，当系统重新启动时，该挂载就会失效。如果想让系统在启动过程中自动进行挂载，而且使挂载一直生效，那么可以修改/etc/fstab

配置文件。

下面查看/etc/fstab 配置文件的内容，查询结果如图 3-51 所示。

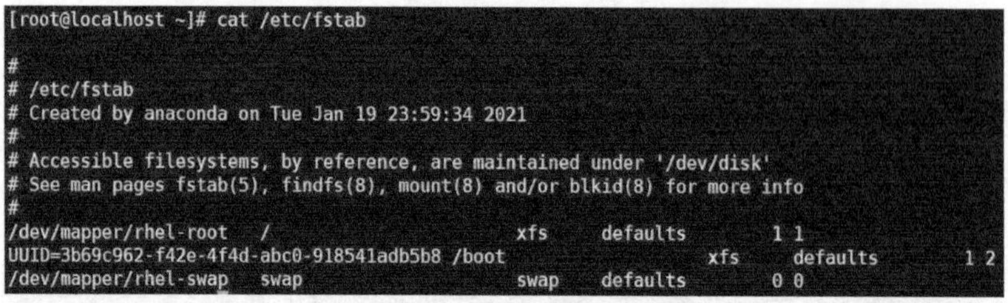

```
[root@localhost ~]# cat /etc/fstab

#
# /etc/fstab
# Created by anaconda on Tue Jan 19 23:59:34 2021
#
# Accessible filesystems, by reference, are maintained under '/dev/disk'
# See man pages fstab(5), findfs(8), mount(8) and/or blkid(8) for more info
#
/dev/mapper/rhel-root   /                       xfs     defaults        1 1
UUID=3b69c962-f42e-4f4d-abc0-918541adb5b8 /boot                   xfs     defaults        1 2
/dev/mapper/rhel-swap   swap                    swap    defaults        0 0
```

图 3-51 /etc/fstab 配置文件内容

/etc/fstab 配置文件的内容就是利用 mount 命令进行挂载时所需要的参数。

/etc/fstab 配置文件的内容共有 6 个字段，每个字段都很重要。具体包括设备文件名/UUID/LABEL、挂载点、文件系统、文件系统参数、dump、fsck。

第一个字段：设备文件名/UUID/LABEL。

这个字段的数据主要有三种可选类型。

- 文件系统或磁盘的设备文件名，如/dev/sdb1 等。
- 文件系统的 UUID，如 UUID=xxx， xxx 是一串十六进制的数字。
- 文件系统的 LABEL，如 LABEL=xxx，xxx 是设备的别名，是已经设置好的名称。

基本上，每个文件系统都可以有上面三种类型的数据，因此使用哪个类型都可以。UUID 在系统中是独一无二的，所以建议用户优先使用 UUID。如果想查询设备的 UUID，可以使用 blkid 或 xfs_admin 命令。

第二个字段：挂载点（Mount Point）。

该字段就是挂载目录，也就是把设备挂载到该目录下。注意挂载点必须是目录，该目录是已创建的目录。所有的挂载点在同一时间只能挂载一次。

第三个字段：文件系统。

该字段指定文件系统类型，此处的文件系统类型要和之前创建的设备文件系统类型保持一致，否则系统会报错。文件系统类型包括 XFS、EXT4、VFAT、ReiserFS、NFS 等。

第四个字段：文件系统参数。

此处的文件系统参数就是用 mount 命令挂载时涉及的参数。比如，通过指定 async/sync 来设置磁盘是否以异步写入方式运行，通过指定 rw/ro 来设置是使用读写方式还是只读方式利用磁盘，通过指定 exec/noexec 可以限制文件系统内的文件是否可执行；defaults，是使用最多的，可以设置同时具有 rw、suid、dev、exec、auto、nouser、async 等属性。

第五个字段：dump。

dump 是用来备份的指令，可以通过该字段指定哪个文件系统必须进行 dump 备份。0 代表不做 dump 备份，1 代表每天进行 dump 备份。

第六个字段：fsck。

早期的操作系统在开机的过程中会花一段时间去检验本机的文件系统是否完整（clean），主要是通过 fsck 命令实现的。现在使用的 XFS 文件系统会自己进行检验，不需要额外进行完整性检验，因此该字段直接填 0。

下面通过修改/etc/fstab 配置文件来挂载/dev/sdc1，操作如下。

1）通过 blkid 命令，查到/dev/sdc1 的 UUID，查询结果如图 3-52 所示。

```
[root@localhost ~]# blkid
/dev/sr0: UUID="2014-05-07-03-58-46-00" LABEL="RHEL-7.0 Server.x86_64" TYPE="iso9660" PTTYPE="dos"
/dev/sda1: UUID="3b69c962-f42e-4f4d-abc0-918541adb5b8" TYPE="xfs"
/dev/sda2: UUID="07vWGW-Dkn6-3L1i-aPDY-Kdix-rIUt-ShYafP" TYPE="LVM2_member"
/dev/sdb1: UUID="90fd0166-7a1a-4303-af5b-720c65a6e696" TYPE="ext4"
/dev/sdb2: UUID="4faf7b4e-ef25-41ff-a6b4-cd073d1a9d14" TYPE="ext4"
/dev/sdb5: UUID="391ee0ce-fdad-4f1d-9882-6ad282871888" TYPE="ext4"
/dev/sdc1: UUID="ee19649d-f3a4-4254-9f7c-63ed3bd7b28a" TYPE="xfs" PARTLABEL="Linux filesystem" PARTUUID="cc4dde0
f-a925-4ea5-9a3c-814616574aee"
/dev/sdc2: UUID="23b0fb6e-6c7c-4024-ad73-fa4c3bd9d458" TYPE="xfs" PARTLABEL="Linux filesystem" PARTUUID="46c9896
a-b575-4cef-a4c3-cb12bdef5785"
/dev/sdc3: UUID="a2e9c385-199c-4129-a759-d8d79352c03f" TYPE="xfs" PARTLABEL="Linux filesystem" PARTUUID="2845031
2-3f3f-4f3d-afb5-576ba70340bd"
/dev/sdc4: UUID="8a8588ba-f60c-4aad-90e2-88c1a7b45f55" TYPE="xfs" PARTLABEL="Linux filesystem" PARTUUID="c1704fe
6-2a1d-4450-8cdc-72bbfc0b0388"
/dev/mapper/rhel-root: UUID="ef811ea7-498b-468d-91e7-ee10b33eec26" TYPE="xfs"
/dev/mapper/rhel-swap: UUID="a5a03613-c746-4f13-9481-e2a901bdf7f2" TYPE="swap"
```

图 3-52 通过 blkid 查看 UUID

2）在/etc/fstab 下通过 UUID 进行挂载。第一个字段写/dev/sdc1 文件系统的 UUID；第二个字段写挂载点，此处为/mnt/disk2_1；第三个字段写文件系统类型，此处为 xfs，一定要注意此处设置的文件系统要和分区格式化的文件系统保持一致；挂载选项设置为 defaults，不备份，不检查。具体操作如图 3-53 所示。

```
#
# /etc/fstab
# Created by anaconda on Tue Jan 19 23:59:34 2021
#
# Accessible filesystems, by reference, are maintained under '/dev/disk'
# See man pages fstab(5), findfs(8), mount(8) and/or blkid(8) for more info
#
/dev/mapper/rhel-root   /                       xfs     defaults        1 1
UUID=3b69c962-f42e-4f4d-abc0-918541adb5b8 /boot                   xfs     defaults        1 2
/dev/mapper/rhel-swap   swap                    swap    defaults        0 0
UUID="ee19649d-f3a4-4254-9f7c-63ed3bd7b28a"   /mnt/disk2_1  xfs defaults  0 0
```

图 3-53 通过/etc/fstab UUID 进行挂载

3）修改完/etc/fstab 配置文件，并不会立即生效，需要使用 mount -a 命令来执行挂载，然后通过 df 命令查询，会发现/dev/sdc1 已经成功挂载到/mnt/disk2_1。执行结果如图 3-54 所示。

```
[root@localhost ~]# mount -a
[root@localhost ~]# df
文件系统                   1K-块    已用       可用 已用% 挂载点
/dev/mapper/rhel-root   18348032 3032228   15315804   17% /
devtmpfs                  926100       0     926100    0% /dev
tmpfs                     935380      80     935300    1% /dev/shm
tmpfs                     935380    9144     926236    1% /run
tmpfs                     935380       0     935380    0% /sys/fs/cgroup
/dev/sda1                 508588  121212     387376   24% /boot
/dev/sr0                 3654720 3654720          0  100% /run/media/root/RHEL-7.0 Server.x86_64
/dev/sdb1                 289285    2066     267763    1% /mnt/disk1_1
/dev/sdb2                 289285    2062     267767    1% /mnt/disk1_2
/dev/sdb5             1056149972   77848 1002399472    1% /mnt/disk1_3
/dev/sdc3              536608768   32928  536575840    1% /mnt/disk2_3
/dev/sdc4              536608768   32928  536575840    1% /mnt/disk2_4
/dev/sdc1             1073217536   32928 1073184608    1% /mnt/disk2_1
```

图 3-54 mount -a 执行结果

任务 3.3 使用移动存储设备

目前移动存储设备应用十分广泛，如 U 盘、移动硬盘、光盘。在 Linux 操作系统中，移动硬盘的使用和普通硬盘是一样的，但是，U 盘和光盘的使用跟普通硬盘还是有区别的，下面来探讨一下。

3.3.1 Linux 操作系统中光盘的使用

在 Linux 操作系统中使用光盘时，需要先挂载再使用。具体操作如下。

1）在虚拟机中使用光盘前的配置。先把光盘放入光驱，如果用户使用的是 VMware 中的虚拟机，需要进入“虚拟机设置”对话框，如图 3-55 所示。选择“CD/DVD（SATA）”选项，勾选“已连接”和“启动时连接”复选框，在“连接”选项组中，选择“使用 ISO 映像文件”单选按钮，关联到本地计算机中下载好的 ISO 光盘镜像文件。

图 3-55 在虚拟机中使用光盘前的配置

2）查询块设备名称。使用 lsblk 命令查询到光盘对应的块设备名称。查询结果如图 3-56 所示。

```
[root@localhost ~]# lsblk -p
NAME                          MAJ:MIN RM    SIZE RO TYPE MOUNTPOINT
/dev/sda                        8:0    0     20G  0 disk
├─/dev/sda1                     8:1    0    500M  0 part /boot
└─/dev/sda2                     8:2    0   19.5G  0 part
  ├─/dev/mapper/rhel-root     253:0    0   17.5G  0 lvm  /
  └─/dev/mapper/rhel-swap     253:1    0      2G  0 lvm  [SWAP]
/dev/sdb                        8:16   0      1T  0 disk
├─/dev/sdb1                     8:17   0    300M  0 part
├─/dev/sdb2                     8:18   0    300M  0 part
├─/dev/sdb3                     8:19   0      1K  0 part
└─/dev/sdb5                     8:21   0 1023.4G  0 part
/dev/sdc                        8:32   0      3T  0 disk
├─/dev/sdc1                     8:33   0      1T  0 part /mnt/disk2_1
├─/dev/sdc2                     8:34   0      1T  0 part
├─/dev/sdc3                     8:35   0    512G  0 part
└─/dev/sdc4                     8:36   0    512G  0 part
/dev/sr0                       11:0    1    3.5G  0 rom
```

图 3-56 查询块设备名称

3）创建挂载点。挂载点是一个空目录。比如在/mnt 目录下创建一个 cdrom 文件夹，作为光盘的挂载点。执行命令如图 3-57 所示。

```
[root@localhost ~]# mkdir /mnt/cdrom
[root@localhost ~]# ls /mnt/cdrom
[root@localhost ~]# 
```

图 3-57 创建挂载点

4）进行挂载。使用 mount 命令进行挂载，执行命令如图 3-58 所示。

```
[root@localhost ~]# mount /dev/sr0 /mnt/cdrom
mount: /dev/sr0 写保护，将以只读方式挂载
[root@localhost ~]#
```

图 3-58　挂载光盘

5）读取光盘。挂载完成后就可以通过挂载目录读取光盘里的内容，执行过程如图 3-59 所示。

图 3-59　读取光盘

6）卸载光盘。光盘不再使用的时候，要进行卸载。卸载时一定要退出挂载目录，执行过程如图 3-60 所示。

图 3-60　卸载光盘

3.3.2　Linux 操作系统中 U 盘的使用

U 盘一般是 FAT32 格式的，Linux 操作系统也支持该格式。在 Linux 操作系统中，该文件系统为 VFAT 格式。如果 U 盘格式为 NTFS， Linux 默认是不支持该格式的，所以需要下载安装 ntfs-3g 软件包，才能支持该格式。

在 Linux 操作系统中使用 U 盘时与使用光盘一样，也是先插入 U 盘，再挂载 U 盘，然后读取或者存储数据。具体执行步骤如下。

1）插入 U 盘，系统就可以识别该 U 盘。如果是虚拟机的话，在“检测到新的 USB 设备”对话框中选择“连接到虚拟机”单选按钮，选中虚拟机的名称，单击“确认”按钮，如图 3-61 所示。

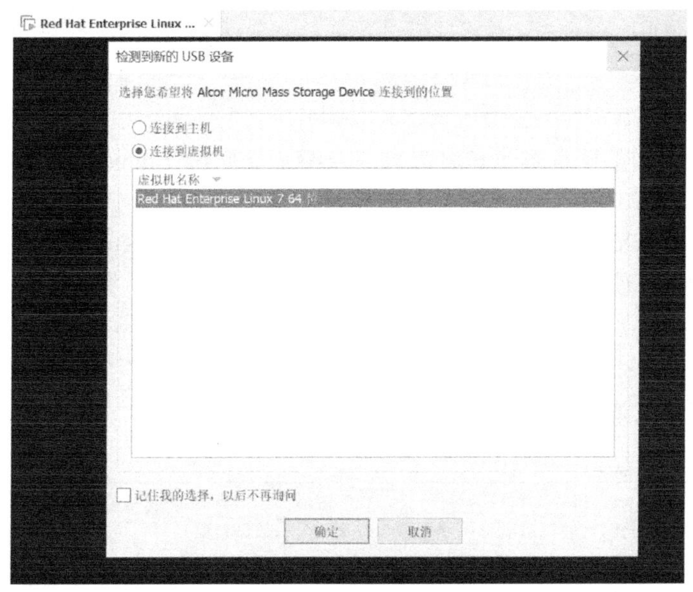

图 3-61　检测到 U 盘

2）通过 lsblk 命令查询该设备。查询结果如图 3-62 所示。

```
[root@localhost ~]# lsblk
NAME          MAJ:MIN RM    SIZE RO TYPE MOUNTPOINT
sda             8:0    0     20G  0 disk
├─sda1          8:1    0    500M  0 part /boot
└─sda2          8:2    0   19.5G  0 part
  ├─rhel-root 253:0    0   17.5G  0 lvm  /
  └─rhel-swap 253:1    0      2G  0 lvm  [SWAP]
sdb             8:16   0      1T  0 disk
├─sdb1          8:17   0    300M  0 part
├─sdb2          8:18   0    300M  0 part
├─sdb3          8:19   0      1K  0 part
└─sdb5          8:21   0 1023.4G  0 part
sdc             8:32   0      3T  0 disk
├─sdc1          8:33   0      1T  0 part /mnt/disk2_1
├─sdc2          8:34   0      1T  0 part
├─sdc3          8:35   0    512G  0 part
└─sdc4          8:36   0    512G  0 part
sdd             8:48   1    6.9G  0 disk
└─sdd1          8:49   1    6.4G  0 part
sr0            11:0    1    3.5G  0 rom
```

图 3-62 查询 U 盘

结果显示该设备名称为/dev/sdd，分区为/dev/sdd1，U 盘格式为 fat32，对应 Linux 操作系统中的 VFAT 格式。

3）挂载该设备，进行读取和存储。执行命令如图 3-63 所示。

```
[root@localhost ~]# mount /dev/sdd1 /mnt/upan
[root@localhost ~]# cd /mnt/upan
[root@localhost upan]# ls
System Volume Information  ~WRL0001.tmp  yuan.txt
[root@localhost upan]# touch myfile.txt
[root@localhost upan]# ls
myfile.txt  System Volume Information  ~WRL0001.tmp  yuan.txt
[root@localhost upan]#
```

图 3-63 挂载 U 盘

4）不再使用 U 盘时，要进行卸载。执行命令如图 3-64 所示。

```
[root@localhost upan]# cd ..
[root@localhost mnt]# umount /mnt/upan
```

图 3-64 卸载 U 盘

项目小结

本项目结合某公司的磁盘容量扩容需求，介绍了如何对 Linux 服务器进行文件与设备管理，详细地讲述了在 RHEL 7 中，如何在虚拟机上添加磁盘，如何对磁盘进行 MBR 分区和 GPT 分区，如何创建 EXT4 和 XFS 文件系统，如何通过 mount 命令和配置文件挂载和卸载设备等知识。本项目的学习使学生熟悉分区和文件系统的原理知识，掌握了 RHEL 7 的硬盘、光盘和 U 盘的使用和管理。

实训练习

1. 实训目的

掌握 RHEL 7 操作系统的设备管理。

2. 实训内容

1）在虚拟机中新扩容两块硬盘，第1块大小为1TB，第2块为4TB。

2）分别对两块硬盘进行分区、格式化、挂载。

3. 实训步骤

1）在虚拟机上扩容一块1TB大小的硬盘。

2）对1TB的硬盘进行MBR分区，分出3个分区，然后对分区创建EXT4格式的文件系统。

3）针对每个文件系统进行挂载，试着在文件系统上创建文件，验证是否能成功创建。

4）在虚拟机上再扩容一块大小为4TB的硬盘。

5）对4TB的硬盘进行GPT分区，分出4个分区，然后对每个分区创建XFS格式的文件系统。

6）针对每个文件系统进行挂载，试着在文件系统上创建文件，验证是否能成功创建。

课后习题

一、选择题

1. 对于RHEL 7操作系统，以下文件系统类型不被支持的是（　　）。

A. XFS　　B. EXT4　　C. VFAT　　D. NTFS

2. 通常把磁盘的最小物理存储单位称之为（　　）。

A. 扇区　　B. 磁道　　C. 柱面　　D. 字节

3. 当前大部分硬盘所使用的接口是（　　），它已经成为个人计算机硬盘的主流接口。

A. IDE　　B. SCSI　　C. SATA　　D. SAS

4. 在RHEL 7操作系统中，/dev/sdc表示（　　）。

A. SATA接口第1块硬盘

B. SATA接口第2块硬盘

C. SATA接口第3块硬盘

D. SATA接口第4块硬盘

5. 对于MBR分区的硬盘来说，第一个扇区非常重要，第一个扇区的512Byte的空间中会存放（　　）。

A. 主引导记录和分区表　　B. 主引导记录

C. 分区表　　D. 系统内核

6. GPT分区会使用LBA（Logical Block Address，逻辑区块地址）来规划硬盘，GPT将硬盘所有的区块以LBA为单位，默认是512Byte，第1个LBA称为（　　）。

A. LBA1　　B. LBA2　　C. LAB-1　　D. LBA0

7. 在使用fdisk命令进行分区时，不管进行了什么操作，只要退出fdisk命令时按（　　）键，那么所有的操作都不会生效。

A. 〈q〉　　B. 〈w〉　　C. 〈a〉　　D. 〈d〉

8．在 EXT2 文件系统中，（   ）会记录整个文件系统的整体信息，比如，系统中 inode 和 block 的数量及使用情况，即已用多少，剩余可用多少。

A．superblock　　B．inode bitmap　　C．block bitmap　　D．GDT

二、简答题

1．简述 MBR 分区和 GPT 分区的不同。

2．以读取/etc/passwd 为例，简述在 Linux 操作系统中目录树的读取步骤。

3．简述在 Linux 操作系统中如何使用 U 盘。

4．简述 EXT4 和 XFS 文件系统结构。RHEL 7 为什么采用 XFS 作为默认的文件系统类型？

项目 4 建立与管理 Linux 用户和用户组

项目学习目标

- 了解用户和组群配置文件
- 熟练掌握 Linux 下用户的创建与管理
- 熟悉掌握 Linux 下用户组的创建、管理和维护

案例情境

Linux 操作系统是一个多用户、多任务的分时操作系统，任何一个要使用系统资源的用户，都必须首先向系统管理员申请一个账号，然后以这个账号的身份进入系统。作为一个系统管理员，掌握用户和用户组的创建和管理至关重要。系统管理员一方面可以对使用系统的用户进行跟踪，并控制他们对系统资源的访问；另一方面也可以帮助用户组织文件，为用户提供安全性保护。

在 Linux 图形用户界面中，利用用户管理器可以实现对用户与用户组的管理；在命令行界面中，可以通过相关命令来实现对用户和用户组的管理，从而保证 Linux 操作系统的安全。

项目需求

对于 Linux 操作系统来说，不同的用户对应不同的使用权限。A 公司要求系统管理员为公司的不同成员设置不同的权限，以方便公司的管理，确保公司的运营安全。在用户管理方面，同业内其他公司一样，经理对网管提出了如下要求系统管理员能熟练新建与管理用户账户；能熟练管理与维护组群账户；能熟练使用账户管理的常用命令；能熟练编辑修改用户和用户组的配置文件。

实施方案

任何一个要使用系统资源的用户，都必须首先向系统管理员申请一个账号，每个用户账号都拥有一个唯一的用户名和各自的口令。用户在登录时输入正确的用户名和口令后，就能够进入系统和各自的主目录。系统管理员对用户账号的管理主要是完成如下几个方面的工作。

1）用户账号的添加、删除与修改。根据企业或公司的人员角色，决定用户账号的权限。

2）用户口令的管理。对用户口令进行管理，从而提高系统的安全性。

3）用户组的管理。把企业里具有相同特征的用户放到一个用户组里，使多个用户具有相同的权限。

4-1 熟悉用户账户和组文件

任务 4.1 熟悉用户账户和组文件

在了解用户和组群配置文件之前，需要介绍一下用户账户。用户账户是用户的身份标识，

用户可以通过用户账户登录到系统，并且访问已经被授权的资源。系统依据账户来区分属于每个用户的文件、进程、任务，并给每个用户提供特定的工作环境，使每个用户都能独立地工作。

Linux 操作系统下的用户账户分为三种。

1）超级用户账户（root）：root 是系统的最高管理者，可以对普通用户和整个系统进行管理。

2）普通用户账户：这类用户是由系统管理员创建，并且能登录 Linux 操作系统，只能操作自己目录内的文件，权限有限。

3）虚拟用户：这类用户也被称为伪用户或假用户，这类用户不具有登录系统的能力，却是系统运行不可缺少的用户，比如 bin，daemon，adm，ftp 以及 mail 等用户账户，这类用户都是 Linux 操作系统的内置用户。

4.1.1 认识用户账号文件

在 Linux 中，用户账号和密码、用户组信息及用户组密码都存放在不同的配置文件中，用户管理主要是通过修改用户配置文件完成的，使用用户管理控制工具的最终目的也是为了修改用户配置文件。这些文件包括/etc/passwd、/etc/shadow、/etc/group、/etc/gshadow 等。其中 passwd 是用户账号文件，下面首先对它进行介绍。

在 Linux 操作系统中，每一个用户都有一个唯一的身份标识，称为用户 ID（UID）；每一个用户组也有一个唯一的身份标识，称为用户组 ID（GID），root 用户的 UID 为 0，普通用户的 UID 可以在创建时由管理员指定，如果不指定，用户的 UID 默认从 1000 开始顺序编号。

passwd 是一个文本文件，用于定义系统的用户账号，该文件位于“/etc”目录下。它包含一个系统账户列表，给出每个账户一些有用的信息，例如，用户 ID、用户组 ID、主目录、shell 等。由于所有用户都对 passwd 有读权限（root 用户具有写权限），所以该文件中只定义用户账号，而不保存口令。passwd 文件中每行定义一个用户账号，一行中又划分为多个字段定义用户账号的不同属性，各字段用“:”隔开。

下面通过文本文件内容查看命令 tail 来查看 passwd 配置文件。

```
[root@localhost ~]# tail /etc/passwd
```

显示结果如下。

```
gdm:x:42:42::/var/lib/gdm:/sbin/nologin
gnome-initial-setup:x:990:985::/run/gnome-initial-setup/:/sbin/nologin
avahi:x:70:70:Avahi mDNS/DNS-SD Stack:/var/run/avahi-daemon:/sbin/nologin
postfix:x:89:89::/var/spool/postfix:/sbin/nologin
ntp:x:38:38::/etc/ntp:/sbin/nologin
sshd:x:74:74:Privilege-separated SSH:/var/empty/sshd:/sbin/nologin
tcpdump:x:72:72::/:/sbin/nologin
l:x:1000:1000:l:/home/l:/bin/bash
apache:x:48:48:Apache:/usr/share/httpd:/sbin/nologin
named:x:25:25:Named:/var/named:/sbin/nologin
```

在 passwd 配置文件中，每行从左至右各字段的对应关系及其含义如表 4-1 所示。

表 4-1　passwd 配置文件中各字段的对应关系及其含义

字段名称	说明
用户账号	用来标识用户的名称，可以是字母、数字组成的字符串，区分大小写，在系统内用户名应该具有唯一性
用户密码	由于 passwd 不再保存密码信息，所以用 x 位代表，而加密的口令已被保存到/etc/shadow 文件中
用户 ID	在系统内用一个整数标识用户的 ID 号，每个用户的 UID 都是唯一的，root 用户的 UID 是 0，小于 1000 的 ID 号用于系统账号。普通用户的 UID 默认从 1000 开始，本例中的用户 linux 的 UID 是 1000
用户组 ID	在系统内用一个整数标识用户所属用户组的 ID 号，每个用户组的 GID 都是唯一的，用户组 ID 也从 1000 开始编号
用户名全称	用户名描述，可以不设置
主目录	用户的起始工作目录，也是用户登录系统后默认所在的目录，各用户对自己的主目录有读、写、执行权限，其他用户对此目录的访问权限则根据具体情况设置。linux 用户的主目录是/home/linux
用户登录 Shell	用户使用的 Shell 类型，RHEL 7 操作系统默认使用的 Shell 是/bin/bash

在查看 passwd 配置文件的内容时发现，即使在刚安装完成的 Linux 操作系统中，passwd 配置文件已有很多由系统自动创建的账户信息，它们是 Linux 进程或部分服务器进程正常工作所需要使用的账户，这些用户的登录 Shell 一般为/sbin/nologin，表示该账户不能用来登录 Linux 操作系统。

若要使某个用户账户不能登录 Linux，设置该用户所使用的 Shell 为/sbin/nologin 即可。比如，对于 FTP 账户，一般只允许登录和访问 FTP 服务器，不允许登录 Linux 操作系统。若要让某用户没有 Telnet 权限，即不允许该用户利用 Telnet 远程登录和访问 Linux 操作系统，则设置该用户所使用的 Shell 为/bin/true 即可。若要让用户没有 Telnet 和 FTP 登录权限，则可设置该用户的 Shell 为/bin/false。

在/etc/shells 文件中记录了系统可使用的 Shell，若没有/bin/true 或/bin/false，则需要手动添加，如下所示。

```
[root@localhost ~]#echo "/bin/true">> /etc/shells
[root@localhost ~]#echo "/bin/false">> /etc/shells
```

注意：在 Linux 操作系统中，root 用户的 UID 是 0，拥有系统最高权限。UID 的唯一性关系到系统的安全，比如在/etc/passwd 文件中把用户 linux 的 UID 改为 0 后，用户 linux 会被确认为 root 用户，当用这个账户登录到系统后，可以进行 root 用户才能执行的所有操作。

4.1.2　认识用户 shadow 文件

/etc/passwd 文件对于所有用户都可读的，如果用户的密码过于简单或规律比较明显，使用普通的计算机就能够很容易地破解该密码，读取/etc/passwd 文件。因此对安全性要求较高的 Linux 操作系统都把加密后的口令分离出来，单独存放在一个文件中，这个文件是/etc/shadow 文件。只有超级用户才拥有该文件的读权限，这就保证了用户密码的安全性。

/etc/shadow 中的记录行与/etc/passwd 中的一一对应，它的文件格式与/etc/passwd 类似，由若干个字段组成，字段之间用“:”隔开。这些字段依次如下所示。登录名:加密口令:最后一次修改时间:最小时间间隔:最大时间间隔:警告时间:不活动时间:失效时间:标志。

1）“登录名”是与/etc/passwd 文件中的登录名相一致的用户账号。

2）“加密口令”字段存放的是加密后的用户口令，长度为 13 个字符。如果为空，则对应用户没有口令；如果含有不属于集合{ ./0-9A-Za-z }中的字符，则对应的用户不能登录。

3）“最后一次修改时间”表示从某个时刻起到用户最后一次修改口令时的天数。时间起点对不同的系统可能不一样。例如在 SCO Linux 中，这个时间起点是 1970 年 1 月 1 日。

4）“最小时间间隔”指的是两次修改口令之间所需的最小天数。

5）“最大时间间隔”指的是口令保持有效的最大天数。

6）“警告时间”字段表示从系统开始警告用户到用户密码正式失效之间的天数。

7）“不活动时间”表示用户没有登录活动但账号仍能保持有效的最大天数。

8）“失效时间”表示一个绝对的天数，如果使用了这个字段，那么就给出相应账号的生存期。期满后，该账号就不再是一个合法的账号，也就不能再用来登录了。

9）“标志”表示保留域，用于功能扩展。

查看/etc/shadow 文件的全部内容，可使用文件查看命令 cat、more 或 less。/etc/shadow 文件的部分显示结果如图 4-1 所示。

```
root@bogon:~
文件(F) 编辑(E) 查看(V) 搜索(S) 终端(T) 帮助(H)
[root@localhost ~]# cat /etc/shadow
root:$6$/yYybpxdfVhl9pyO$UTOxvZSOav2AzQhspUpwnUxrogeUyl98akOGLLAYFOibG1X
ZTBv/jAtyaJKRM.RW/fw.rUcZAaVGA1NmA.2OH1::0:99999:7:::
bin:*:16925:0:99999:7:::
daemon:*:16925:0:99999:7:::
adm:*:16925:0:99999:7:::
lp:*:16925:0:99999:7:::
sync:*:16925:0:99999:7:::
shutdown:*:16925:0:99999:7:::
halt:*:16925:0:99999:7:::
mail:*:16925:0:99999:7:::
operator:*:16925:0:99999:7:::
games:*:16925:0:99999:7:::
ftp:*:16925:0:99999:7:::
nobody:*:16925:0:99999:7:::
pegasus:!!:17781::::::
ods:!!:17781::::::
```

图 4-1 查看/etc/shadow 文件

4.1.3 认识用户组账号文件

将用户分组是 Linux 操作系统中对用户进行管理及控制访问权限的一种手段。用户组是具有相同特性的用户的逻辑集合，使用用户组有利于系统管理员按照用户的特性组织和管理用户，提高工作效率。一个用户账户至少属于一个用户组，当一个用户同时是多个用户组中的成员时，在/etc/passwd 文件中记录的是用户所属的主组，也就是登录时所属的默认组，而其他组称为附加组。用户要访问属于附加组的文件时，必须首先使用 newgrp 命令使自己成为所要访问的用户组中的成员。用户组的所有信息都存放在/etc/group 文件中，任何用户都可以读取。用户组的真实密码保存在/etc/gshadow 配置文件中。

在/etc/group 文件中，每行用“:”隔开若干个字段，这些字段从左到右依次如下所示。

```
组名:口令:用户组 ID:组内用户列表
```

第一个字段为用户组的名称；第二个字段为用户组口令，用 x 表示；第三个字段为用户组的 ID 号；第四个字段为该组中的用户成员列表，各用户名间用逗号分隔。要查看/etc/group 文件的全部内容，可使用文件查看命令 cat、more 或 less。/etc/group 文件的部分显示结果如图 4-2 所示。

```
root@bogon:~
文件(F) 编辑(E) 查看(V) 搜索(S) 终端(T) 帮助(H)
[root@localhost ~]# cat /etc/group
root:x:0:
bin:x:1:
daemon:x:2:
sys:x:3:
adm:x:4:
tty:x:5:
disk:x:6:
lp:x:7:
mem:x:8:
kmem:x:9:
wheel:x:10:
cdrom:x:11:
mail:x:12:postfix
man:x:15:
dialout:x:18:
floppy:x:19:
games:x:20:
tape:x:30:amandabackup
video:x:39:
```

图 4-2 查看/etc/group 文件

任务 4.2 建立与管理用户账户及密码

4.2.1 建立与管理用户账户

1. 创建用户

在 Linux 中，创建或添加新用户使用 useradd 命令来实现。其命令格式如下。

命令格式：useradd[option] username

该命令的 option 可选项较多，常用的选项及含义如下。

- -c：注释，用于设置对该账户的注释说明文字。
- -d：主目录，指定用来取代默认的/home/username 的主目录。
- -m：若主目录不存在，则创建它。-r 与-m 相结合，可为系统账户创建主目录。
- -M：不创建主目录。
- -e：expire_date，指定账户过期的日期。日期格式为 MM/DD/YY。
- -f：inactive_days，账号过期几日后永久停权。若指定为 0，则立即被停权；为-1，则关闭此功能。
- -g：用户组，指定该用户加入到哪一个用户组中。该用户组在指定时必须已存在。
- -G：用户组列表，指定用户的附加组，各组用逗号分隔。
- -n：不为用户创建私有用户组。
- -s：Shell，指定用户登录时所使用的 Shell，默认为/bin/bash。
- -r：创建一个用户 ID 小于 1000 的系统账户，默认不创建对应的主目录。

- -u：用户 ID，手工指定新用户的 ID 值，该值必须是唯一的。
- -p：password，新建用户指定登录密码。此处的 password 是对登录密码进行 MD5 加密后所得到的密码值，不是真实的密码原文。因此在实际应用中，该参数选项使用较少，通常单独使用 passwd 命令来为用户设置登录密码。

【例 4-1】 使用命令行工具创建用户。

创建一个名为 user1 的用户，命令如下。

```
[root@localhost ~]# useradd user1
[root@localhost ~]# tail -1 /etc/passwd     #显示最后一行的内容
user1:x:1001:1001::/home/user1:/bin/bash
```

添加用户时，若未用-g 参数指定用户组，则系统会默认自动创建一个与用户账号同名的私有用户组。从以上输出信息可知，该用户组的 ID 也为 1001。

【例 4-2】 使用 tail 命令查看用户组信息。

使用文件查看命令 tail 查看该用户的私有用户组信息，命令如下。

```
[root@localhost ~]# tail -1 /etc/group
user1:x:1001:
```

创建用户账户时，系统会自动创建该账户对应的主目录，该目录默认放在/home 目录下，若要改变位置，可利用-d 参数指定。用户登录时所使用的 Shell 默认为/bin/bash，若要更改，可使用-s 参数指定。

【例 4-3】 创建指定主目录和登录 Shell 的用户。

创建一个名为 user2 的账户，主目录设定为/var 目录，并指定登录 Shell 为/sbin/nologin，则命令如下。

```
[root@localhost ~]# useradd -d /var/user2 -s /sbin/nologin user2
[root@localhost ~]# tail -1 /etc/passwd
user2:x:1002:1002::/var/user2:/sbin/nologin
```

在 Linux 中，对于新创建的用户，在没有设置密码的情况下，账户密码是处于锁定状态的，还无法登录系统。另外，在创建新用户时，对于没有指定的账户属性，其默认设置由配置文件/etc/default/useradd 决定。

2. 设置账户属性

对于已创建的账户，可使用 usermod 命令来修改和设置账户的各项属性，包括登录名、主目录、用户组、登录 shell 等，其命令格式如下。

命令格式：usermod [option] username

命令参数选项 option 大部分与创建用户时所使用的参数相同，参数的功能也一样。下面按用途介绍该命令新增的几个参数。

（1）修改用户名

若要改变用户名，可使用-l（L 的小写）参数来实现。

命令格式：usermod -l 新用户名 原用户名

【例 4-4】 改变用户名。

1）若要将已存在的用户 olduser 更名为 newuser，则命令如下。

```
[root@localhost ~]# usermod -l newuser olduser
[root@localhost ~]# tail -1 /etc/passwd
```

```
newuser:x:1003:1003::/home/olduser:/bin/bash
```

从输出结果可见，用户更名后，其主目录和用户 ID 和所属的用户组 ID 不会改变。编辑修改后的用户账户信息，将被调整到/etc/passwd 文件的末尾。

2）改变用户主目录。

若主目录也要更改，则可以使用-d 参数来实现。其命令如下。

```
[root@localhost ~]# usermod -d newuser newuser  #注意指定要修改属性的用户名
[root@localhost ~]#tail -1 /etc/passwd
newuser:x:1003:1003::newuser:/bin/bash  #主目录更改成功
```

3）为磁盘中的主目录更名。

以上命令仅修改了/etc/passwd 文件中的主目录信息，在磁盘中的真实目录并不会改变，因此接下来使用 mv 命令，对该用户的主目录进行更名。命令如下。

```
[root@localhost ~]# mv /home/olduser /home/newuser
```

4）将用户加入指定的组。

若要将 newuser 加入到 linux 用户组（用户组 ID 为 1003），则命令如下。

```
[root@localhost ~]# usermod -g linux newuser
或[root@localhost ~] #usermod -g 1001 newuser
[root@localhost ~]#tail -1 /etc/passwd
newuser:x:1003:1001::newuser:/bin/bash  #用户组已更改为了 1001，操作成功
```

（2）锁定账户

若要临时禁止用户登录，可将该用户账户锁定。锁定账户用-L 参数来实现，其命令格式如下所示。

命令格式：usermod -L 要锁定的账户

【例 4-5】 锁定账户。

比如要锁定 newuser 账户，命令如下。

```
[root@localhost ~]#usermod -L newuser
```

Linux 锁定账户，是通过在密码文件 shadow 的密码字段前加“!”来标识该用户被锁定。除了通过以上命令对用户账户锁定外，还可以通过在密码文件 shadow 中需要被锁定账户的密码字段前加“!”将该用户锁定。

（3）解锁账户

要解锁账户，可使用带有-U 参数的 usermod 命令来实现。

命令格式：usermod -U 要解锁的账户

【例 4-6】 对被锁定的账户进行解锁。

若要解除对 newuser 账户的锁定，命令如下。

```
[root@localhost ~]#usermod -U newuser
```

去掉密码文件 shadow 中 newuser 账户密码字段前的“!”同样可以实现解锁用户的效果。

3. 删除账户

要删除账户，可使用 userdel 命令来实现。

命令格式：userdel [-r] 账户

-r 为可选项，若带上该参数，则在删除该账户的同时，一并删除该账户对应的主目录。

【例 4-7】 删除账户及其主目录。

若要删除 newuser 账户，并同时删除其主目录，则命令如下。

```
[root@localhost ~]#userdel -r newuser
```

4. 用户切换

su 的作用是变更为其他用户的身份，超级用户除外，需要输入该用户的密码。

命令格式：su 账户

1）在 root 用户下，输入 su 普通用户名，则切换至普通用户，从 root 切换到普通用户不需要密码。

2）在普通用户下，输入 su 用户名，提示输入用户密码，正确输入用户的密码后，则切换至该用户。

【例 4-8】 切换用户。

如当前用户为普通用户 user1，切换到 root 用户的命令如下所示。

```
[root@localhost ~]#su root
```

正确输入超级用户的密码后，则切换到 root 用户。

4.2.2 管理用户密码

1. 设置用户登录密码

Linux 的账户必须设置密码后，才能登录系统。设置账户登录密码，使用 passwd 命令。

命令格式：passwd [账户]

若指定了账户名称，则设置指定账户的登录密码，原密码自动被覆盖。只有 root 用户才有权设置指定账户的密码，普通用户只能设置或修改自己账户的密码，此时使用不带账户名的 passwd 命令来实现设置当前用户的密码。

【例 4-9】 设置账户登录密码。

若要设置 user1 账户的登录密码，命令如下。

```
[root@localhost ~]#passwd user1
Changing password for user user1
New password:  #输入密码
Retype new password:  #重输密码
Passwd:all authentication tokens updated successfully.
```

设置账户登录密码后，该账户就可以登录系统了。按〈Alt+F2〉组合键，选择 2 号虚拟控制台（tty2），然后利用 user1 账户验证登录效果。

2. 锁定密码

在 Linux 中，可通过账户锁定或密码锁定的方式禁止用户登录。只有 root 用户才有权执行该命令，锁定密码使用带-l 参数的 passwd 命令。

命令格式：passwd -l 账户

【例 4-10】 锁定账户登录密码。

若要锁定 user1 账户的密码，命令如下。

```
[root@localhost ~]#passwd -l user1
```

显示信息如下。

```
Locking password for user user1.
passwd: Success
```

3. 解锁密码

用户密码被锁定后，若要解锁，使用带-u 参数的 passwd 命令。该命令只有 root 用户才有权执行。

命令格式：passwd -u 要解锁的账户

【例 4-11】 解锁账户密码。

解锁 user1 账户密码的命令如下。

```
[root@localhost ~]#passwd -u user1
```

显示信息如下。

```
Unlocking password for user user1.
passwd: Success
```

4. 查询密码状态

要查询当前账户的密码是否被锁定，可使用带-S 参数的 passwd 命令来实现。

命令格式：passwd -S 账户

【例 4-12】 查询账户密码状态。查询 user 账户的密码状态，命令如下。

```
[root@localhost ~]# passwd -S user1
```

显示信息如下。

```
user1 PS 2016-12-29 0 99999 7 -1 (Password set, MD5 crypt.)
```

若账户密码被锁定，将显示“Passwd locked.”；若未加密，则系统提示“Password set. MD5 crypt”。

5. 删除账户密码

若要删除账户的密码，使用带-d 参数的 passwd 命令来实现。该命令也只有 root 用户才有权执行。

命令格式：passwd -d 账户

若要设置所有用户的账户密码过期的时间，则可以通过修改/etc/login.defs 配置文件中的 PASS_MAX_DAYS 配置项的值来实现，其默认值为 99999，代表用户的账户密码永不过期。其中，PASS_MIN_LEN 配置项用于指定账户密码的最小长度。

注意：当清除一个用户的密码后，该用户无需密码就可登录，这一点要特别注意。

任务 4.3 创建与管理用户组

用户组（group）就是具有相同特征的多个用户（user）的集合。有时需要让多个用户具有相同的权限，比如查看、修改某一文件或执行某个命令的权限，这时就需要把这些用户都定义到同一用户组。通过修改文件或目录的权限，让用户组具有一定的操作权限，这样用户组下的所有用户对该文件或目录都具有相同的权限，便于进行访问权限的控制。用户和用户组之间可以是一对一、多对一、一对多或多对多的对应关系，一个用户可以同时属于一个或多个用户组，一个用户组可以包含一个或多个不同的用户。管理用户组的主要工具或命令列举如下。

4-3 创建与管理用户组

1. 创建用户组

创建用户组使用 groupadd 命令。

命令格式：groupadd [选项] 用户组名称

若命令带有-r 参数，则创建系统用户组，其用户组 ID（GID）值小于 1000；若没有使用-r 参数，则创建普通用户组，其用户组 ID 值大于或等于 1000。

【例 4-13】 创建用户组。

下面的例子通过简单的方法，添加 GID 值为 700 的用户组 baidu。

```
[root@localhost ~]#groupadd -g 700 baidu
```

可以通过查看用户组文件/etc/group 得到用户的相关信息。

2. 修改用户组属性

用户组创建后，根据需要可对用户组的相关属性进行修改。

命令格式：groupmod [选项] 用户组名称

常用的选项如下所示。

- -g：GID，为用户组指定新的组标识号。
- -o：与-g 选项同时使用，用户组的新 GID 可以与系统已有用户组的 GID 相同。
- -n：新用户组，将用户组的名字改为新名字。

【例 4-14】 重设用户组的 GID。

若要将用户组 group2 的 GID 修改为 102，命令如下。

```
[root@localhost ~]# groupmod -g 102 group2
```

【例 4-15】 改变用户组名称。

```
[root@localhost ~]# groupmod -n group3 group2
```

此命令将用户组 group2 的名称修改为 group3。

3. 使用 newgrp 命令切换到其他用户组

如果一个用户同时属于多个用户组，那么用户可以在用户组之间切换，以便具有其他用户组的权限。用户可以在登录后，使用命令 newgrp 切换到其他用户组，这个命令的参数就是目的用户组名。

【例 4-16】 从当前用户组切换到其他用户组。

```
[root@localhost ~]$ newgrp root
```

此命令切换到 root 用户组，前提条件是 root 用户组确实是该用户的主组或附加组。

4. 删除用户组

删除用户组使用 groupdel 命令来实现。

命令格式：groupdel 用户组名称

【例 4-17】 删除用户组 group1。

```
[root@localhost ~]# groupdel group1
```

显示信息如下。

```
groupdel: group 'group1' does not exist.
```

在删除用户组时，被删除的用户组不能是某个账户的私有用户组，否则将无法删除。若要删除某账户的私有用户组，则应先删除引用该私有用户组的账户，然后再删除用户组。

5. 组群管理——gpasswd 命令

命令格式：gpasswd [选项] 用户名 组名

命令功能：使用 gpasswd 命令可以设置一个用户组的组群密码，或是在用户组中添加、删除用户。

常用的选项如下所示。

- -a：将用户添加到用户组中。
- -A：指定用户组的管理员。
- -d：将用户从用户组中删除。
- -r：取消一个用户组的组群密码。

【例 4-18】 将用户添加到用户组。

现创建一个名为 students 的用户组，然后将 zhangsan 用户添加到 students 用户组，命令如下。

```
[root@localhost ~]#groupadd students          #新建 students 用户组
[root@localhost~]#gpasswd -a zhangsan students #将 zhangsan 用户添加到 students 用户组
```

显示信息如下。

```
Adding user zhangsan to group students.
[root@localhost ~]#groups zhangsan  #用 groups 命令查看 zhangsan 用户所属的组
zhangsan user1 students          #zhangsan 同时属于 user1 和 students 两个用户组
```

【例 4-19】 将用户从用户组中移除。

若要从 students 用户组中移除 zhangsan 用户，命令如下。

```
[root@localhost ~]#gpasswd -d zhangsan students
```

显示信息如下。

```
Removing user zhangsan from group students.
```

【例 4-20】 设置或取消用户组的组群密码。

设置 user1 用户组的组群口令，命令如下。

```
[root@localhost ~]#gpasswd user1
```

显示信息如下。

```
Changing the password for group user1
New Password:
Re-enter new password:
```

取消 user1 用户组的组群密码，命令如下。

```
[root@localhost ~]#gpasswd -r user1
```

【例 4-21】 设置用户组的管理员。

若要设置 zhangsan 为 students 用户组的管理员，命令如下。

```
[root@localhost ~]#gpasswd -A zhangsan students
```

设置之后，用户 zhangsan 就可对 students 用户组进行添加、删除用户等管理操作了。

另外，Linux 还提供了用户和用户组的查询工具。id 工具用于查询用户所对应的 UID 和 GID 及 GID 所对应的用户组；finger 工具用来查询用户信息，侧重用户家目录、是否登录 Shell 等信息；查询登录主机的用户工具有 w、who、users；利用 groups 工具可以对用户所归属的用户组进行查询。读者可以查阅相关知识了解相关命令和工具的用法，篇幅所限，在此不再叙述。

项目小结

本项目结合某企业的用户管理需求，详细地讲述了用户和用户组的创建和管理方法。通过本项目的学习，学生掌握了如何对使用系统的用户一方面进行跟踪，并控制他们对系统资源的访问；另一方面帮助用户组织文件，为用户提供安全性保护。

实训练习

1. 实训目的

掌握命令模式下用户与用户组的管理方法。

2. 实训内容

1）对 A 公司的三个部门进行用户的管理。

2）对 A 公司的三个部门进行用户组的管理。

3. 实训步骤

1）为每个部门建立一个组群，并设置组群口令。

2）假设每个部门有一个经理和 5 个普通员工，为每个员工建立一个用户账户，并设置账户口令。

3）把部门中的用户添加到部门用户组中。

4）为部门经理的用户账户改名。

课后习题

一、选择题

1. 下列目录中用于存放用户密码信息的是（　　）。

A. /boot　　B. /etc　　C. /var　　D. /dev

2. 默认情况下系统管理员创建了一个用户，就会在（　　）目录下创建一个用户主目录。

A. /usr　　B. /home　　C. /root　　D. /etc

3. /etc/shadow 文件中存放（　　）。

A. 用户账号基本信息　　B. 用户口令的加密信息

C. 用户组信息　　D. 文件系统信息

4. 在 Linux 中，要查看文件内容，可使用（　　）命令。

A. more　　B. cd　　C. login　　D. logout

5. 以下命令中，可以将用户身份临时改变为 root 的是（　　）。

A. SU　　B. su　　C. login　　D. logout

6. 以下文件中只有 root 用户才有存取权限的是（　　）。

A. passwd　　B. shadow　　C. group　　D. password

7. usermod 命令无法实现的操作是（　　）。

A. 账户重命名　　B. 删除指定的账户和对应的主目录

C. 锁定与解锁用户账户　　D. 对用户密码进行锁定或解锁

8. 下列参数中可以在删除一个用户的同时删除用户主目录的是（　　）。

A. rmuser -r　　B. deluser -r　　C. userdel -r　　D. usermgr -r

9. 创建一个用户账户，其 ID 是 200，GID 是 1000，用户主目录为/home/user01，以下命令正确的是（　　）。

A. useradd -u:200 -g:1000 -h:/home/user01 user01

B. useradd -u=200 -g=1000 -d=/home/user01 user01

C. useradd -u 200 -g 1000 -d /home/user01 user01

D. useradd -u 200 -g 1000 -h /home/user01 user01

二、简答题

1. 增加两个用户组账号 group1、group2，并指定 GID 分别为 10100、10101。

2. 增加两个用户账号 user1（UID 为 2045，属于用户组 group1）、user2（UID 为 2046，属于用户组 group2）。

项目 5 网络配置与服务管理

项目学习目标

- 熟练掌握 Linux 网络配置与管理
- 熟练掌握 Linux 的服务管理

案例情境

在当今的互联网时代，网络对人们来说至关重要，它影响人们生活的方方面面。在 Linux 操作系统中，如何进行上网设置，如何对网络做相应配置和管理，都是需要解决的问题。网络本质上是一种“服务”，而服务是系统提供的某些功能。在 Linux 操作系统中，应该怎样进行服务管理？本章详细介绍这些内容。

项目需求

某公司需要把自己的 Linux 服务器主机连接到互联网，要求给该服务器配置静态 IP 地址，满足一定的安全性和可靠性。同时，该公司还要求系统管理员熟练掌握网络的故障处理，保障网络的实时畅通。

实施方案

Linux 主机配置和管理网络的主要步骤如下。

1）通过修改网络配置文件或者相关命令来修改网络配置信息。

2）重启网络服务，使得修改的网络配置生效。

3）通过 ping 和 traceroute 等常用的网络命令，掌握网络故障处理的流程。

4）管理网络服务，包括开启、关闭和重启。

任务 5.1 网络配置与管理

Linux 服务器是放到网络上提供服务的，如果没有配置网络或者网络中断，服务器将毫无用处，所以网络的配置与管理是非常重要的。网络的配置与管理离不开一些网络的基本概念，在介绍 Linux 操作系统的网络配置与管理之前，先介绍网络模型，让读者掌握最基本的网络概念。否则，当服务器出现网络问题时，读者可能就会不知所措。

5.1.1 网络基本概念

5-1 网络基本概念

1. 计算机网络

计算机之间能够进行通信主要依靠网络，网络由若干节点和连接这些节点的链路组成，网络的节点可以是计算机、集线器、交换机或路由器等，链路主要是光缆、双绞线、同轴电缆等。

2. 因特网

因特网（Internet）指当前全球最大的、由众多网络相互连接而成的特定网络，它是全球最大的一个网络，但不是唯一的网络。

因特网早期由美国国防部开发的一个小网络发展而来，后来规模逐渐扩大。从 1993 年开始美国政府机构不再负责其运营，而是让许多 ISP（Internet Service Provider，互联网服务提供商）来运营，现在的互联网已不是某个单个组织所拥有，而是全世界无数大大小小的 ISP 所共同拥有。

3. OSI 七层模型

国际化标准组织（简称 ISO）为了使不同网络体系结构的用户可以互相共享信息，不同体系的计算机网络可以互联，在 1983 年提出了 OSI 七层模型（也称 OSI 参考模型）的正式文件。它是一个七层的、抽象的模型体，不仅包括一系列抽象的术语或概念，也包括具体的协议。

按层次结构来设计计算机网络的体系结构有很多优点。

1）各层之间是独立的。某一层并不需要知道它的下一层是如何实现的，而仅仅需要知道该层通过层间的接口（即界面）所提供的服务。

2）灵活性好。当任何一层发生变化（如技术的变化）时，只要层间接口关系保持不变，则在该层以上或以下的各层均不受影响。

3）结构上可分割开。各层都可以采用最合适的技术来实现。

4）易于实现和维护。这种结构使得实现和调试一个庞大而又复杂的系统变得易于处理，因为整个系统已被分解为若干个相对独立的子系统。

5）有利于功能复用。下层可以为多个不同的上层提供服务。

6）能促进标准化工作。因为每一层的功能及其所提供的服务都已有了精确的说明，标准化对于计算机网络来说非常重要，因为协议是通信双方共同遵守的约定。

OSI 七层模型将整个网络划分为物理层、数据链路层、网络层、传输层、会话层、表示层和应用层共 7 层，各层次的功能如表 5-1 所示。

表 5-1 OSI 七层模型各个层次的功能

层次名称	功能
物理层	负责传输比特流信号并实现两台设备之间的物理连接
数据链路层	负责网络内部的传输
网络层	对端到端的数据报传输进行定义，定义了能够标识所有节点的逻辑地址，还定义了路由实现的方式和学习的方式
传输层	负责提供从一台计算机到另一台计算机的可靠数据传输
会话层	定义了如何开始、控制和结束一个会话
表示层	主要功能是定义数据格式及加密
应用层	与其他计算机进行通信的一个应用，它为应用程序提供通信服务

4. TCP/IP 四层模型

计算机网络的结构经过多年的演变，使用最成熟和最普遍的是 TCP/IP 四层协议模型（也称 TCP/IP 参考模型）。自上往下依次为应用层、传输层、网络层和接入层。

应用层的任务是通过应用进程间的交互来完成特定的网络应用，例如邮件、浏览网页等，应用层交互的数据单元称为报文。

传输层的任务是负责向两台主机进程之间的通信提供通用的数据传输服务。应用进程利用该服务传送应用层报文。

网络层负责为分组交换网上的不同主机提供通信服务。在发送数据时，网络层把传输层产生的报文段或用户数据报封装成分组或包进行传送。

接入层在硬件层面实现传输比特流，将数据链路中的每个比特通过媒介传输到下一个节点实现数据的传输。

图 5-1 说明了 TCP/IP 参考模型和 OSI 参考模型的对应关系，表 5-2 描述了 TCP/IP 模型各层的基本功能。

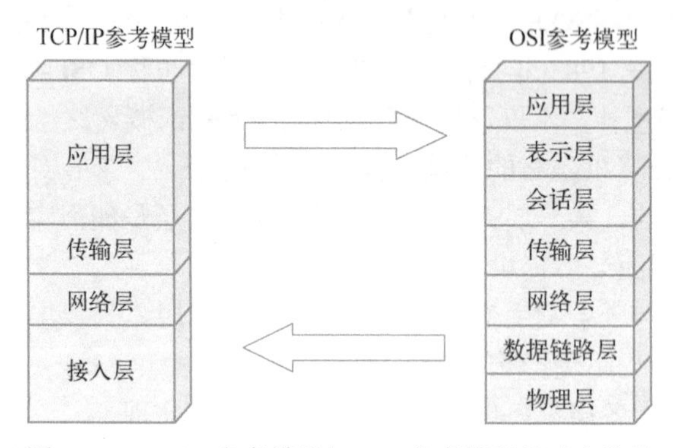

图 5-1 TCP/IP 参考模型与 OSI 参考模型的对应关系

表 5-2 TCP/IP 模型各层的基本功能

层次名称	功能
接入层	对实际的网络媒体的管理，定义如何使用实际网络（如 Ethernet、Serial Line 等）来传送数据
网络层	负责提供基本的数据封包传送功能，让每一块数据报都能够到达目的主机（但不检查是否被正确接收），如互联网协议（IP）
传输层	提供了节点间的数据传送服务，如传输控制协议（TCP）、用户数据报协议（UDP）等，TCP 和 UDP 给数据报加入传输数据并把它传输到下一层中，这一层负责传送数据，并且确定数据已被送达并接收
应用层	负责应用程序间的沟通，如简单邮件传送协议（SMTP）、文件传送协议（FTP）、网络远程访问（Telnet）协议等

5. 网络协议

不同的机器要实现通信，需要遵守共同的协议，在网络发展的过程中逐渐建立了许多协议，随着 TCP/IP 四层模型的广泛应用，其中 TCP/IP（Transmission Control Protocol/Internet Protocol，传输控制协议/互联网协议）成为因特网最主流的协议。

TCP/IP 是指能够在多个不同网络间实现信息传输的协议簇。TCP/IP 不仅指 TCP 和 IP 两个协议，而是指一个由 FTP、TCP、UDP、IP 等协议构成的协议簇，只是因为 TCP 和 IP 最具代表性，所以被称为 TCP/IP。

下面具体来看每一层的网络协议有哪些。

应用层协议有 HTTP、SNMP、FTP、SMTP、POP3 协议、Telnet 协议等。例如 httpd、nginx 服务器程序使用 HTTP，实现 HTTP 的客户机程序主要是 Web 浏览器，例如 Firefox、

Internet Explorer、Google Chrome、Safari、Opera 等。文件传输使用 FTP（File Transfer Protocol，文件传送协议），FTP 包括两个组成部分，其一为 FTP 服务器，其二为 FTP 客户端。其中 FTP 服务器用来存储文件，用户可以使用 FTP 客户端通过 FTP 访问位于 FTP 服务器上的资源。

传输层协议主要包括 TCP 和 UDP。

UDP（User Datagram Protocol，用户数据报协议）：同一个主机上的每个应用程序都需要指定唯一的端口号，并且规定网络中传输的数据报必须加上端口信息，当数据报到达主机以后，就可以根据端口号找到对应的应用程序。

TCP：简单来说，TCP 就是有确认机制的 UDP，TCP 在 UDP 基础之上建立了三次对话的确认机制，即在正式收发数据前，必须和对方建立可靠的连接。

网络层协议主要是 IP。通过该协议，规定网络上所有的设备都必须有一个独一无二的地址，也就是 IP 地址。因为在因特网进行通信时，必须通过某种方式找到通信的目的地，通过 IP 地址可以找到通信的地址。

接入层协议主要包括以太网协议和 PPP（Point-to-Point Protocol，点到点协议）。以太网是广播形式的网络协议，PPP 是点到点的网络协议。

在 TCP/IP 中常用的网络协议及其提供的相应服务如表 5-3 所示。

表 5-3 TCP/IP 中常用协议

层次	协议	服务
接入层	HDLC（高级数据链路控制）协议 PPP（点到点协议） SLIP（串行线路互联网协议）	面向点到点的链路传输； 在串行线路上，用于点到点的数据传输； 在串行线路上，用于点到点的数据传输
网络层	IP（互联网协议） ICMP（互联网控制报文协议） RIP（路由信息协议） ARP（地址解析协议） RARP（反向地址解析协议）	通过主机之间的报文分组传递服务； 控制主机和网关之间差错及控制报文的传输； 用于网络设备之间交换路由信息； 将 IP 地址映射为物理地址； 将物理地址映射为 IP 地址
传输层	TCP（传输控制协议） UDP（用户数据报协议）	提供可靠的、面向连接的数据流传递服务； 提供不可靠的、无连接的报文分组传递服务
应用层	FTP（文件传送协议） Telnet（远程登录）协议 SMTP（简单邮件传送协议） HTTP（超文本传送协议） DNS（域名服务）协议 NFS（网络文件系统）协议 SMB（服务信息块）协议	用于实现互联网中的交互式文件传输功能； 用于实现互联网中的远程登录功能； 用于实现互联网中的电子邮件传送功能； 用于实现互联网中的 WWW 服务； 用于实现主机名与 IP 地址之间的映射； 用于网络中不同主机间的文件共享； 用于 Windows 主机与 Linux 主机间的文件共享

5.1.2 配置网络

在 RHEL 7 中，可以通过修改网络配置文件或者使用 nmcli 命令来修改网络配置。下面介绍最常用的修改网络配置的方法。

5-2 网络配置文件

1. 修改网络配置文件

网络配置信息保存在文件/etc/sysconfig/network-scripts/ifcfg-eno16777736 中。其中，ifcfg-eno16777736 为配置文件的名称，该名称不是固定的，因版本的不

同而不同，在应用的时候以实际为准。配置文件的存放目录为/etc/sysconfig/network-scripts/，这个是固定的。

在修改网络配置文件中的各种信息前，可以使用 cat 命令查看该文件的内容。网络配置文件的内容如图 5-2 所示。

```
[root@localhost ~]# cat /etc/sysconfig/network-scripts/ifcfg-eno16777736
HWADDR=00:0C:29:C1:87:1F
TYPE=Ethernet
BOOTPROTO=dhcp
DEFROUTE=yes
PEERDNS=yes
PEERROUTES=yes
IPV4_FAILURE_FATAL=no
IPV6INIT=yes
IPV6_AUTOCONF=yes
IPV6_DEFROUTE=yes
IPV6_PEERDNS=yes
IPV6_PEERROUTES=yes
IPV6_FAILURE_FATAL=no
NAME=eno16777736
UUID=346a47f4-4b3d-4132-95d7-0a9314f93484
ONBOOT=yes
```

图 5-2　使用 cat 命令查看网络配置文件

启动网络的前提条件是选项 ONBOOT 值为 yes，即 ONBOOT=yes。如果在安装 RHEL 7 操作系统时没有激活网卡，则 ONBOOT 值为 no，需要把该选项修改为 yes，网络才可以正常开启。

默认情况下，网卡的 IP 地址是通过动态方式获取的，也就是 dhcp 方式。要想查看服务器 IP 地址，可以使用 ip addr 命令。命令执行的结果如图 5-3 所示。

```
[root@localhost ~]# ip addr
1: lo: <LOOPBACK,UP,LOWER_UP> mtu 65536 qdisc noqueue state UNKNOWN
    link/loopback 00:00:00:00:00:00 brd 00:00:00:00:00:00
    inet 127.0.0.1/8 scope host lo
       valid_lft forever preferred_lft forever
    inet6 ::1/128 scope host
       valid_lft forever preferred_lft forever
2: eno16777736: <BROADCAST,MULTICAST,UP,LOWER_UP> mtu 1500 qdisc pfifo_fast state UP qlen 1000
    link/ether 00:0c:29:c1:87:1f brd ff:ff:ff:ff:ff:ff
    inet 192.168.30.148/24 brd 192.168.30.255 scope global dynamic eno16777736
       valid_lft 1229sec preferred_lft 1229sec
    inet6 fe80::20c:29ff:fec1:871f/64 scope link
       valid_lft forever preferred_lft forever
```

图 5-3　使用 ip addr 命令查询网络配置文件

在实际应用中，系统管理员经常会把 Linux 服务器的 IP 地址修改为静态获取，然后在配置文件中设置规划好的静态 IP 地址。具体设置如图 5-4 所示。

```
HWADDR=00:0C:29:C1:87:1F
TYPE=Ethernet
BOOTPROTO=static
IPADDR=192.168.30.147
NETMASK=255.255.255.0
GATEWAY=192.168.30.2
DNS1=114.114.114.114
DEFROUTE=yes
PEERDNS=yes
PEERROUTES=yes
IPV4_FAILURE_FATAL=no
IPV6INIT=yes
IPV6_AUTOCONF=yes
IPV6_DEFROUTE=yes
IPV6_PEERDNS=yes
IPV6_PEERROUTES=yes
IPV6_FAILURE_FATAL=no
NAME=eno16777736
UUID=346a47f4-4b3d-4132-95d7-0a9314f93484
ONBOOT=yes
```

图 5-4　设置静态 IP 地址

将 BOOTPROTO 改成 static 或者 none，表示该 IP 地址是静态获取的。IPADDR 用于设置 IP 地址，NETMASK 用于设置子网掩码，GATEWAY 用于设置网关，DNS1 用于设置 DNS 服务器的地址。

静态 IP 地址设置完成后，需要重启网络服务器，修改才能生效。输入命令 systemctl restart network，查看 IP 地址，发现修改成功，如图 5-5 所示。

```
[root@localhost ~]# systemctl restart network
[root@localhost ~]# ip addr
1: lo: <LOOPBACK,UP,LOWER_UP> mtu 65536 qdisc noqueue state UNKNOWN
    link/loopback 00:00:00:00:00:00 brd 00:00:00:00:00:00
    inet 127.0.0.1/8 scope host lo
       valid_lft forever preferred_lft forever
    inet6 ::1/128 scope host
       valid_lft forever preferred_lft forever
2: eno16777736: <BROADCAST,MULTICAST,UP,LOWER_UP> mtu 1500 qdisc pfifo_fast state UP qlen 1000
    link/ether 00:0c:29:c1:87:1f brd ff:ff:ff:ff:ff:ff
    inet 192.168.30.147/24 brd 192.168.30.255 scope global eno16777736
       valid_lft forever preferred_lft forever
    inet6 fe80::20c:29ff:fec1:871f/64 scope link
       valid_lft forever preferred_lft forever
```

图 5-5　重启网络服务

2. nmcli 命令

除了通过修改网络配置文件以外，还可以使用 nmcli 命令来修改网络配置。nmcli 命令是用来管理 Network Manager 服务的，RHEL 和 CentOS 系统默认使用 Network Manager 来管理网络服务。这是一种动态管理网络配置的守护进程，能够让网络设备保持连接状态。nmcli 是一款基于命令行的网络配置工具，功能丰富，参数众多。它可以轻松地查看网络信息或网络状态。

5-4
nmcli 命令

nmcli 命令的语法如下。

```
nmcli [ option ] object { command | help }
```

object 即对象，用得最多的对象就是 device 和 connection。device 指的是物理设备，如网卡设备，也就是网络接口，是一个具体的物理设备。connection 是指网络连接，偏重于逻辑设置，是基于设备建立的连接。多个连接可以应用到同一台设备，但同一时间只能启用其中一个连接。针对一个网络接口（或者是网卡），可以设置多个网络连接，比如多个 IP 地址，包含公网 IP 地址和私网 IP 地址，再根据不同的应用场景来激活相应的连接。

object 和 command 可以用全称也可以用简称表示，最少可以只用一个字母表示，建议使用前几个字母。

使用 nmcli device 或者 nmcli connection 命令查看所有的设备和连接。输入 nmcli device 可以查看所有的设备，执行结果如图 5-6 所示。

```
[root@localhost ~]# nmcli device
设备          类型      状态    CONNECTION
eno16777736  ethernet  连接的  eno16777736
lo           loopback  未管理  --
```

图 5-6　使用 nmcli device 命令查看设备

可以看到 Linux 主机目前有两个设备，分别为 eno16777736 和 lo。lo 是环回设备，是一个逻辑设备。eno16777736 表示实际的网卡，也就是 device，该网卡设备对应的连接也是 eno16777736。需要注意的是，“名称”列中的 eno16777736 表示的是设备名称，“设备”列中的 eno16777736 表示连接名称，虽然名字一样，但表示的含义是不同的。

nmcli connection 命令可以查询所有的连接，同时也会显示该连接所关联的设备。查询结果如图 5-7 所示。

```
[root@localhost ~]# nmcli connection
名称          UUID                                  类型            设备
eno16777736  346a47f4-4b3d-4132-95d7-0a9314f93484  802-3-ethernet  eno16777736
```

图 5-7 使用 nmcli connection 命令查看连接

利用 nmcli 命令对网络进行配置，一般指针对连接的配置。使用 help 命令查看可以对连接进行哪些配置，显示的 nmcli connection 命令的帮助信息如图 5-8 所示。

```
[root@localhost ~]# nmcli connection --help
Usage: nmcli connection { COMMAND | help }

COMMAND := { show | up | down | add | modify | edit | delete | reload | load }

  show [--active] [[id | uuid | path | apath] <ID>] ...

  up [[id | uuid | path] <ID>] [ifname <ifname>] [ap <BSSID>]

  down [id | uuid | path | apath] <ID>

  add COMMON_OPTIONS TYPE_SPECIFIC_OPTIONS IP_OPTIONS

  modify [--temporary] [id | uuid | path] <ID> ([+|-]<setting>.<property> <value>)+

  edit [id | uuid | path] <ID>
  edit [type <new_con_type>] [con-name <new_con_name>]

  delete [id | uuid | path] <ID>

  reload

  load <filename> [ <filename>... ]
```

图 5-8 nmcli connection 命令帮助信息

结果显示，nmcli connection 后面可以跟的选项如下。

- show：用来显示连接。
- up：用来激活连接。
- down：用来关闭连接。
- add：增加新连接。
- modify：修改连接。
- edit：编辑连接的一些属性。
- delete：删除连接。
- reload、load：从文件加载连接。

例如，需要增加连接时，可以使用 nmcli connection add 命令来实现。使用 help 命令查看 nmcli connection add 命令的具体用法，如图 5-9 所示。

```
[root@localhost ~]# nmcli connection add --help
Usage: nmcli connection add { ARGUMENTS | help }

ARGUMENTS := COMMON_OPTIONS TYPE_SPECIFIC_OPTIONS IP_OPTIONS

  COMMON_OPTIONS:
                  type <type>
                  ifname <interface name> | "*"
                  [con-name <connection name>]
                  [autoconnect yes|no]

                  [save yes|no]

  TYPE_SPECIFIC_OPTIONS:
    ethernet:     [mac <MAC address>]
                  [cloned-mac <cloned MAC address>]
                  [mtu <MTU>]
```

图 5-9 nmcli connection add 命令帮助信息

下面使用 nmcli connection add 命令给网卡设备新建一个连接，并激活该网络连接。具体操作如下。

1）输入命令“nmcli connection add con-name eno-new autoconnect yes ifname eno16777736 type ethernet ip4 192.168.30.148/24 gw4 192.168.30.2”。

其中，con-name 是新建连接的名称；autoconnect 表示是否自动连接，一般选择 yes；ifname 后面跟的设备名称，也就是网络或者网络接口的名字；type 表示设备类型，如果是以太网卡的话，类型选 ethernet；ip4、gw4 分别用来设置 IP 地址和网关地址，4 表示地址类型是 IPv4。具体执行过程如图 5-10 所示。

```
[root@localhost ~]# nmcli connection add con-name eno-new autoconnect yes ifname eno16777736 type ethernet
ip4 192.168.30.148 gw4 192.168.30.2
```

图 5-10　添加网络连接

2）新的网络连接添加成功后，可以使用 nmcli connection show 命令查看，结果如图 5-11 所示。

```
[root@localhost ~]# nmcli connection show
名称          UUID                                  类型             设备
eno-new       f2580427-3ac4-43e7-a710-bb8e602ba3fa  802-3-ethernet   --
eno16777736   346a47f4-4b3d-4132-95d7-0a9314f93484  802-3-ethernet   eno16777736
```

图 5-11　网络连接添加成功

可以看到，已经有了 eno-new 连接。但该连接的关联设备为空，这是因为一个设备在某一时刻只能启用一个连接，因为网卡现在已经启用了 eno16777736 连接，所以 eno-new 连接暂时不能被启用，处于未激活的状态。

3）把 eno16777736 连接关闭。由于 eno-new 的 autoconnect 选项的设置为 yes，该连接会自动启动，eno-new 连接的状态会变成 up 状态，再次使用 nmcli connection show 命令查看，结果如图 5-12 所示。

```
[root@localhost ~]# nmcli connection show
名称          UUID                                  类型             设备
eno16777736   346a47f4-4b3d-4132-95d7-0a9314f93484  802-3-ethernet   --
eno-new       55c99d57-bf04-4de8-93de-45894e15969d  802-3-ethernet   eno16777736
```

图 5-12　关闭网络连接

此时，通过 ip addr 命令，会发现 IP 地址由 eno16777736 连接中设置的 192.168.30.147 修改成 eno-new 连接中的 192.168.30.148，如图 5-13 所示。

```
[root@localhost ~]# ip addr
1: lo: <LOOPBACK,UP,LOWER_UP> mtu 65536 qdisc noqueue state UNKNOWN
    link/loopback 00:00:00:00:00:00 brd 00:00:00:00:00:00
    inet 127.0.0.1/8 scope host lo
       valid_lft forever preferred_lft forever
    inet6 ::1/128 scope host
       valid_lft forever preferred_lft forever
2: eno16777736: <BROADCAST,MULTICAST,UP,LOWER_UP> mtu 1500 qdisc pfifo_fast state UP qlen 1000
    link/ether 00:0c:29:c1:87:1f brd ff:ff:ff:ff:ff:ff
    inet 192.168.30.148/24 brd 192.168.30.255 scope global eno16777736
       valid_lft forever preferred_lft forever
    inet6 fe80::20c:29ff:fec1:871f/64 scope link
       valid_lft forever preferred_lft forever
```

图 5-13　查询添加连接的 IP 地址

4）如果想查看 eno-new 连接的详细信息，可以输入命令 nmcli connection show eno-new，

显示结果如图 5-14 所示。

```
[root@localhost ~]# nmcli connection show eno-new
connection.id:                          eno-new
connection.uuid:                        55c99d57-bf04-4de8-93de-45894e15969d
connection.interface-name:              eno16777736
connection.type:                        802-3-ethernet
connection.autoconnect:                 yes
connection.timestamp:                   1613134434
connection.read-only:                   no
connection.permissions:
connection.zone:                        --
connection.master:                      --
connection.slave-type:                  --
connection.secondaries:
connection.gateway-ping-timeout:        0
802-3-ethernet.port:                    --
802-3-ethernet.speed:                   0
802-3-ethernet.duplex:                  --
802-3-ethernet.auto-negotiate:          yes
```

图 5-14 查询 eno-new 连接的详细信息

5）目前连接 eno-new 没有设置 DNS，可以使用 nmcli connection modify 命令来增加连接的 DNS 配置，还可以修改连接的其他属性信息。通过 help 命令帮助查看该命令的用法，如图 5-15 所示。

```
[root@localhost ~]# nmcli connection modify --help
Usage: nmcli connection modify { ARGUMENTS | help }

ARGUMENTS := [id | uuid | path] <ID> ([+|-]<setting>.<property> <value>)+

Modify one or more properties of the connection profile.
The profile is identified by its name, UUID or D-Bus path. For multi-valued
properties you can use optional '+' or '-' prefix to the property name.
The '+' sign allows appending items instead of overwriting the whole value.
The '-' sign allows removing selected items instead of the whole value.

Examples:
nmcli con mod home-wifi wifi.ssid rakosnicek
nmcli con mod em1-1 ipv4.method manual ipv4.addr "192.168.1.2/24, 10.10.1.5/8"
nmcli con mod em1-1 +ipv4.dns 8.8.4.4
nmcli con mod em1-1 -ipv4.dns 1
nmcli con mod em1-1 -ipv6.addr "abbe::cafe/56"
nmcli con mod bond0 +bond.options mii=500
nmcli con mod bond0 -bond.options downdelay
```

图 5-15 nmcli connection modify 命令帮助信息

6）使用 nmcli connection modify 命令把 DNS 设置成 114.114.114.114。输入命令“nmcli connection modify eno-new +ipv4.dns 114.114.114.114”，显示结果如图 5-16 所示。

```
[root@localhost ~]# nmcli connection modify eno-new +ipv4.dns 114.114.114.114
[root@localhost ~]# cat /etc/resolv.conf
# Generated by NetworkManager
nameserver 114.114.114.114
```

图 5-16 修改 DNS

通过查询/etc/resolv.conf 配置文件，发现 DNS 已经被成功修改。

7）使用 nmcli connection delete 命令，把新增的 eno-new 连接删除。输入命令“nmcli con delete eno-new”，如图 5-17 所示。

```
[root@localhost ~]# nmcli con delete eno-new
```

图 5-17 nmcli connection delete 删除连接

8）再次查询连接，结果显示网络连接中已经没有 eno-new 连接，网络连接自动切换回到 eno16777736，如图 5-18 所示。

```
[root@localhost ~]# nmcli con show
名称          UUID                                  类型            设备
eno16777736  346a47f4-4b3d-4132-95d7-0a9314f93484  802-3-ethernet  eno16777736
```

图 5-18　删除新连接后再次查询连接

5.1.3　网络调试和故障排查

设备之间的正常通信离不开网络，网络对于人们的工作、学习至关重要。如果网络出现故障，系统管理员需要使用一些基本网络命令来测试和判断，然后再进行进一步的排查和处理。

1．ip addr 命令

该命令用来查看 IP 参数信息，是很常用的一个命令。其中，addr 是 address 的缩写，表示地址。其执行结果如图 5-19 所示。

```
[root@localhost ~]# ip addr
1: lo: <LOOPBACK,UP,LOWER_UP> mtu 65536 qdisc noqueue state UNKNOWN
    link/loopback 00:00:00:00:00:00 brd 00:00:00:00:00:00
    inet 127.0.0.1/8 scope host lo
       valid_lft forever preferred_lft forever
    inet6 ::1/128 scope host
       valid_lft forever preferred_lft forever
2: eno16777736: <BROADCAST,MULTICAST,UP,LOWER_UP> mtu 1500 qdisc pfifo_fast state UP qlen 1000
    link/ether 00:0c:29:c1:87:1f brd ff:ff:ff:ff:ff:ff
    inet 192.168.30.147/24 brd 192.168.30.255 scope global eno16777736
       valid_lft forever preferred_lft forever
    inet6 fe80::20c:29ff:fec1:871f/64 scope link
       valid_lft forever preferred_lft forever
```

图 5-19　执行 ip addr 命令

执行结果显示网卡设备 eno16777736 的 IP 地址为 192.168.30.147，其子网掩码为 24 位。在 RHEL 7 中，网卡命名方式从最初的 eth0 变成了 enoXXXXX 的格式。en 代表的是以太网（ethernet），o 代表的是 onboard（内置），后面跟的一串数字是主板的某种索引编号，它是自动生成的，以便保证其唯一性。和原先的命名方式对比，这种新的方式名称比较长，难以记忆，不过优点在于编号唯一，进行系统迁移的时候不容易出错。

lo 表示环回地址，它是一个逻辑地址，代表 Linux 主机本身，它的 IP 地址为 127.0.0.1。

如果仅想查询 eno16777736 的信息，那么可以在 ip addr show 后面加上网卡名称 eno16777736 即可。输入“ip addr show eno16777736”，显示结果如图 5-20 所示。

```
[root@localhost ~]# ip addr show eno16777736
2: eno16777736: <BROADCAST,MULTICAST,UP,LOWER_UP> mtu 1500 qdisc pfifo_fast state UP qlen 1000
    link/ether 00:0c:29:c1:87:1f brd ff:ff:ff:ff:ff:ff
    inet 192.168.30.147/24 brd 192.168.30.255 scope global eno16777736
       valid_lft forever preferred_lft forever
    inet6 fe80::20c:29ff:fec1:871f/64 scope link
       valid_lft forever preferred_lft forever
```

图 5-20　查询指定的连接

ip addr show 后面跟指定的网卡名称，结果只会显示该网卡的配置信息。

2．查看 DNS 服务器信息

DNS 服务器的信息在配置文件/etc/resolv.conf 中，可以使用 cat 命令来查看。输入命令“cat /etc/resolv.conf”，显示结果如图 5-21 所示。

```
[root@localhost ~]# cat /etc/resolv.conf
# Generated by NetworkManager
nameserver 114.114.114.114
```

图 5-21 查看 DNS 服务器信息

从图 5-21 可以看到所配置的 DNS 服务器的 IP 地址为 114.114.114.114。

也可以通过网络配置文件/etc/sysconfig/network-scripts/ifcfg-eno16777736，来查看配置的 DNS 服务器信息，显示结果如图 5-22 所示。

```
[root@localhost ~]# cat /etc/sysconfig/network-scripts/ifcfg-eno16777736
HWADDR=00:0C:29:C1:87:1F
TYPE=Ethernet
BOOTPROTO=static
IPADDR=192.168.30.147
NETMASK=255.255.255.0
GATEWAY=192.168.30.2
DNS1=114.114.114.114
DEFROUTE=yes
PEERDNS=yes
PEERROUTES=yes
IPV4_FAILURE_FATAL=no
IPV6INIT=yes
IPV6_AUTOCONF=yes
IPV6_DEFROUTE=yes
IPV6_PEERDNS=yes
IPV6_PEERROUTES=yes
IPV6_FAILURE_FATAL=no
NAME=eno16777736
UUID=346a47f4-4b3d-4132-95d7-0a9314f93484
ONBOOT=yes
```

图 5-22 通过网络配置文件查看 DNS 信息

注意：配置 DNS 服务器时，可以配置多个。第 1 个称为 DNS1，第 2 个称为 DNS2，注意后面的数字不能丢！

3．ping 命令

ping 命令用来测试网络连通性，是网络故障处理中最常用的命令之一。下面介绍 ping 命令的具体用法。

命令格式：ping 目的服务器的域名或者 IP 地址

常用的选项如下。

- -c：用来指定 ping 的次数。
- -t：用来指定 TTL 的值。
- -s：用来指定所发送的数据包的大小。
- -i：用来指定 ping 的间隔。
- -w：用来指定 ping 命令的结束时间。

ping 百度网站，来测试本地网络的连通性，测 5 次。如果不指定次数，ping 命令会一直执行下去，直到强制终止该命令的执行。命令执行结果如图 5-23 所示。

```
[root@localhost ~]# ping -c5 www.baidu.com
PING www.a.shifen.com (110.242.68.4) 56(84) bytes of data.
64 bytes from 110.242.68.4: icmp_seq=1 ttl=128 time=12.5 ms
64 bytes from 110.242.68.4: icmp_seq=2 ttl=128 time=11.9 ms
64 bytes from 110.242.68.4: icmp_seq=3 ttl=128 time=17.1 ms
64 bytes from 110.242.68.4: icmp_seq=4 ttl=128 time=12.6 ms
64 bytes from 110.242.68.4: icmp_seq=5 ttl=128 time=15.8 ms

--- www.a.shifen.com ping statistics ---
5 packets transmitted, 5 received, 0% packet loss, time 4030ms
rtt min/avg/max/mdev = 11.915/14.028/17.170/2.080 ms
```

图 5-23　测试网络连通性

ping 命令会显示每次到目的服务器的往返时间，还会显示到目的服务器的最小时间、平均时间、最大时间、偏差时间。

上面的例子中，目的服务器是用域名来表示的，也可以使用 IP 地址来表示，如图 5-24 所示。

```
[root@localhost ~]# ping -c5 110.242.68.4
PING 110.242.68.4 (110.242.68.4) 56(84) bytes of data.
64 bytes from 110.242.68.4: icmp_seq=1 ttl=128 time=23.2 ms
64 bytes from 110.242.68.4: icmp_seq=2 ttl=128 time=16.7 ms
64 bytes from 110.242.68.4: icmp_seq=3 ttl=128 time=12.8 ms
64 bytes from 110.242.68.4: icmp_seq=4 ttl=128 time=12.2 ms
64 bytes from 110.242.68.4: icmp_seq=5 ttl=128 time=12.4 ms

--- 110.242.68.4 ping statistics ---
5 packets transmitted, 5 received, 0% packet loss, time 4033ms
rtt min/avg/max/mdev = 12.260/15.522/23.212/4.189 ms
```

图 5-24　ping 命令的使用

4. 简单的网络故障处理流程

如果网络连通性存在问题，也就是网络不通，可以使用下面 4 个步骤来判断故障点。

1）使用 ip address 命令观察本地网络设置是否正确，看本地网络是否有 IP 地址或者 IP 地址是否配置正确。如果查询不到 IP 地址，说明本地网络配置存在问题，可以打开网络配置文件，检测里面的配置项目，比如，ONBOOT 选项的值是否为 yes。如果该步骤没有问题，执行第 2）步。

2）ping 127.0.0.1。127.0.0.1 为回送地址，ping 回送地址是为了检查本地的 TCP/IP 有没有设置好，本地网卡是否存在问题。第 2）步没有问题，则执行第 3）步。

3）ping 本网网关，检查本地主机与本地网络连接是否正常（在非局域网中这一步骤可以忽略），核实本地主机到网关之间是否存在问题，比如它们之间的网线和交换机是否有问题等。第 3）步没有问题，则执行第 4）步。

4）ping 和 traceroute 目的服务器的 IP 地址，如 ping www.baidu.com，确认是否为外部网络连接故障，以及故障点位置可以通过 traceroute 简单判断出。

任务 5.2　Linux 的启动流程与服务管理

在 Linux 操作系统中，服务是用户经常接触到的一个概念。什么是服务？它是常驻在内存中的进程提供的系统或者网络的功能。在 Linux 操作系统中，所有的功能都是以服务的形式提供的，所以服务管理也显得至关重要。下面就来看具体的服务管理。

5.2.1 Linux 的启动流程

操作系统启动是一个非常复杂的过程，首先需要检测硬件并加载适当的驱动程序，然后再调用程序来准备好系统运行的环境。如果用户了解了操作系统启动的原理，那么当操作系统出现问题时，用户就能够很快速地修复系统。

下面简单地介绍操作系统启动的流程。

1）当按下电源开关键后，计算机会自动读取 BIOS 或者 UEFI BIOS 中的程序，它是计算机开机后主动执行的第一个程序，通过读取 BIOS 来加载硬件信息和对硬件进行开机检测，并通过 BIOS 设置取得的第一个可启动设备。

2）通过第一个可启动设备，读入引导程序，通过引导程序来加载相应系统的内核，开始执行操作系统的功能。

3）内核先检测硬件状况和加载硬件的驱动程序，然后主动调用 systemd 进程，并以 default.target 流程来启动。

5.2.2 Linux 的服务管理

在 RHEL 7.×版本之后，Red Hat 系列的发行版本就放弃了沿用多年的 System V 开机启动服务的流程，改用了 systemd 启动服务管理机制。

systemd 是一种新的 Linux 系统服务管理器，用于替换 init 系统，能够管理系统启动过程和系统服务，启动后监管整个系统。systemd 可以按需激活进程，能够实现系统状态快照，可以基于依赖关系定义服务控制逻辑，可以并行地启动系统服务进程，并且最初仅启动确实被依赖的服务，这样就极大地减少了系统的引导时间，所以 RHEL 7 系统的启动速度比 RHEL 6 快许多。systemd 主要使用 systemctl 命令管理系统及服务。

Linux 需要管理的服务非常多，为了理清所有服务的功能，systemd 把所有的服务都定义成一个服务单元，称为 unit。为了易于管理，把 unit 分为 service、socket、target、path、timer 等类型。

- service 类型：是最常见的服务类型，主要提供一般的系统服务，比如服务器本身所需要的各种本地服务和网络服务等。
- socket 类型：该类型服务通过 socket 文件实现信息传输的功能。通常用于监控信息传递的 socket 文件，适用于本地服务。例如，图形界面中的很多软件都是通过 socket 来进行进程之间的数据交换操作的。
- target 类型：表示执行环境类型，它是一组 unit 集合。比如常用的 multi-user.target 就是很多服务的集合，执行 target 就相当于执行若干个 service 和 socket 等类型的 unit。
- path 类型：用于监控指定目录的变化，并触发其他 unit 运行。
- timer 类型：可以提供循环执行任务的功能，比 anacrontab 更加灵活、有弹性。

可以通过 systemctl 命令观察系统上的所有服务。

命令格式：systemctl list-units

常用的选项如下。

- --type=TYPE：unit 的类型，主要有 service、socket、target 等。
- --all：list-units 只会列出目前启动的 units，加上--all 选项，则列出所有的 unit，包括未启动的 unit。

在 bash 中输入 systemctl list-units 命令并按〈Enter〉键执行，部分显示结果如图 5-25 所示。

```
[root@localhost ~]# systemctl list-units
UNIT                                        LOAD   ACTIVE SUB     DESCRIPTION
proc-sys-fs-binfmt_misc.automount           loaded active waiting Arbitrary Executable File
sys-devices-pc...:0:0-block-sda-sda1.device loaded active plugged VMware_Virtual_S
sys-devices-pc...:0:0-block-sda-sda2.device loaded active plugged LVM PV 07vWGW-Dkn6-3L1i-a
sys-devices-pc...0-8:0:0:0-block-sda.device loaded active plugged VMware_Virtual_S
sys-devices-pc...:1:0-block-sdb-sdb1.device loaded active plugged VMware_Virtual_S
sys-devices-pc...:1:0-block-sdb-sdb2.device loaded active plugged VMware_Virtual_S
sys-devices-pc...:1:0-block-sdb-sdb3.device loaded active plugged VMware_Virtual_S
sys-devices-pc...:1:0-block-sdb-sdb5.device loaded active plugged VMware_Virtual_S
sys-devices-pc...1-8:0:1:0-block-sdb.device loaded active plugged VMware_Virtual_S
sys-devices-pc...:2:0-block-sdc-sdc1.device loaded active plugged VMware_Virtual_S
```

图 5-25 列出目前启动的 unit

如果只想列出类型为 target 的 unit，在 bash 中输入“systemctl --type=target list-units”，执行结果如图 5-26 所示。

```
[root@localhost ~]# systemctl --type=target list-units
UNIT                LOAD   ACTIVE SUB    DESCRIPTION
basic.target        loaded active active Basic System
bluetooth.target    loaded active active Bluetooth
cryptsetup.target   loaded active active Encrypted Volumes
getty.target        loaded active active Login Prompts
graphical.target    loaded active active Graphical Interface
local-fs-pre.target loaded active active Local File Systems (Pre)
local-fs.target     loaded active active Local File Systems
multi-user.target   loaded active active Multi-User System
network.target      loaded active active Network
nfs.target          loaded active active Network File System Server
paths.target        loaded active active Paths
remote-fs.target    loaded active active Remote File Systems
slices.target       loaded active active Slices
sockets.target      loaded active active Sockets
```

图 5-26 列出目前启动的 target

图 5-26 中列出的每项的意义如下。

- UNIT：项目的名称，包括每个 unit 的类型，通过扩展名可以识别。
- LOAD：开机时是否被加载，默认显示的都是被加载的项目。
- ACTIVE：目前的状态。
- DESCRIPTION：详细描述。

5.2.3 配置服务的启动状态

一般来说，systemd 启动服务的机制是通过 systemctl 命令来完成的。systemd 只有一个 systemctl 命令，所以，只要掌握了 systemctl 命令，也就掌握了 systemd 的用法。

命令格式：systemctl [command] [unit]

command 就是命令的意思，下面介绍一些常用的命令。

- start：启动后边指定的 unit。

- stop：停止或者关闭后边指定的 unit。
- restart：重新启动后边指定的 unit。
- reload：在不关闭后边指定的 unit 的情况下，重新加载配置文件，让设置生效。
- enable：设置 unit 开机自动启动。
- disable：设置 unit 不随着开机自动启动。
- status：查看后边指定的 unit 的状态信息，比如会不会开机启动，有没有被开启等。
- is-active：查看 unit 有没有正在运行中。
- is-enable：查看是否默认开机启动该 unit。

下面以网络服务为例，使用 systemctl 命令来查看网络服务的状态。

1）输入“systemctl status netwok.service”来查看网络服务状态，如图 5-27 所示。

```
[root@localhost ~]# systemctl status network.service
network.service - LSB: Bring up/down networking
   Loaded: loaded (/etc/rc.d/init.d/network)
   Active: active (exited) since 六 2021-02-13 08:53:17 CST; 12h ago
  Process: 1284 ExecStart=/etc/rc.d/init.d/network start (code=exited, status=0/SUCCESS)
```

图 5-27　查询网络服务状态

其中，network.service 可以简写成 network，从 active 可以看出网络服务目前正在运行中。最后一行则表示网络服务的 PID 状态以及配置文件。

2）重启网络服务，可以输入“systemctl restart network”，如图 5-28 所示。

```
[root@localhost ~]# systemctl restart network
[root@localhost ~]#
```

图 5-28　重启网络服务

3）关闭网络服务，则可以输入“systemctl stop network”，如图 5-29 所示。

```
[root@localhost ~]# systemctl stop network
```

图 5-29　停止网络服务

输入该命令后，远程连接被断开，因为网络此时已经被断开了。可以在 Linux 主机重新开启网络服务，输入命令“systemctl start network”，执行结果如图 5-30 所示。

图 5-30　在 Linux 主机重新开启网络服务

当把网络服务重新开启以后，远程连接也会恢复。

项目小结

本项目结合某公司配置网络和保障网络安全性、可靠性的需求，引入了网络配置与服务管理。本项目详细地讲述了 RHEL 7 操作系统中，如何通过网络配置文件和 nmcli 命令对系统网络进行配置，使用一些基本网络命令来测试和判断网络故障，进行网络调试和故障排查。通过本项目的学习，学生掌握了 RHEL 7 的网络配置和调试、网络故障排查，同时也了解了一定的服务管理知识，可以完成简单的服务管理。

实训练习

1. 实训目的

掌握 RHEL 7 操作系统的网络配置和管理。

2. 实训内容

1）最小化安装 RHEL 7 操作系统，配置其网络，使其可以 ping 通外网。

2）配置静态 IP 地址、网关、DNS，重启网络服务，验证网络是否正常。

3）使用 nmcli 命令建立新的网络连接，切换至该连接，验证网络是否正常。

3. 实训步骤

1）在虚拟机上最小化安装 RHEL 7 操作系统，安装完成后，ping 测外网，验证网络是否正常。

2）修改配置文件配置网络，重启网络服务后，ping 测外网，验证网络是否正常。

3）通过配置文件，配置静态 IP 地址，同时配置相应的网关、子网掩码、DNS，重启网络服务后，ping 测外网，验证网络是否正常。

4）使用 nmcli 命令建立新的网络连接，切换至该连接，ping 测外网，验证网络是否正常。

5）通过 systemctl 命令关闭、开启、查询网络服务。

课后习题

一、选择题

1. 在 TCP/IP 四层模型中，自上往下依次为应用层、传输层、（　　）、接入层。

   A. 网络层　　B. 物理层　　C. 会话层　　D. 数据链路层

2. 常见的 Web 浏览器，例如 Firefox、Internet Explorer、Google Chrome、Safari、Opera 等，它们都是在客户端实现（　　）协议的程序。

   A. FTP　　B. HTTP　　C. POP3　　D. Telnet

3. 在 RHEL 7 中，可以通过修改配置文件或者 nmcli 命令来修改网卡配置，网卡配置文件所在的目录是（　　）。

   A. /etc/ network-scripts/　　B. /etc/sysconfig/

   C. /etc/sysconfig/network-scripts/　　D. /etc/network/

4. 静态 IP 地址设置好后，需要重启网络服务器，才可以使得修改生效。输入命令（　　）。

   A. systemctl start network　　B. systemctl stop network

C．systemctl reload network　　D．systemctl restart network

5．除了通过修改配置文件来配置网络以外，还可以使用（　　）命令来配置网络。该命令是用来管理 Network Manager 服务的，是一款基于命令行的网络配置工具，功能丰富，参数众多。它可以轻松地查看网络信息或网络状态。

A．nmcli　　B．network manager

C．ip addr　　D．ifconfig

6．DNS 服务器的信息是写在配置文件（　　）中的，可以使用 cat 命令来查看。

A．/etc/resolv.conf　　B．/etc/dns.conf

C．/etc/hostname.conf　　D．/etc/ resolv

7．ping 命令用来测试网络连通性，是网络故障处理中最常用的命令之一，可以 ping 测百度网站，来测试本地网络的连通性，用（　　）选项来指定 ping 测的次数为 5，如果不指定的话，ping 命令会一直执行下去，直到强制终止该命令的执行。

A．t　　B．s　　C．c　　D．i

8．traceroute 命令用来追踪数据报的网络路径，追踪数据报在网络上传输时的全部路径，发送的数据报大小默认是（　　）字节。

A．20　　B．40　　C．60　　D．80

9．RHEL 7.×以后，Red Hat 系列的发行版本就放弃了沿用多年的 System V 开机启动服务的流程，改用（　　）启动服务管理机制。

A．systemd　　B．init　　C．config　　D．manager

10．（　　）命令是动态地显示进程统计信息的，默认情况下，每 3 秒钟刷新 1 次信息。

A．ps　　B．ps aux　　C．top　　D．pstree

二、简答题

1．简述网络故障处理流程。

2．比较 OSI 七层模型和 TCP/IP 四层模型的异同，并简要地说明网络分层的好处。

3．进程的状态有哪些？不同状态的进程之间是如何转化的？

项目 6　搭建 DHCP 服务器

项目学习目标

- 了解什么是 DHCP
- 理解 DHCP 的工作原理
- 掌握 DHCP 服务的安装
- 掌握 DHCP 服务器的配置方法
- 掌握 DHCP 客户端的配置方法
- 掌握 DHCP 的测试方法
- 理解 DHCP 中继代理的配置

案例情境

随着计算机网络主机数量的迅速增多，单纯地依靠人工设置 IP 地址已经变成了一项非常烦琐而费时的事情。特别是在会议室、展示厅等区域，常用笔记本计算机通过无线方式上网，并且需要手动分配 IP 地址肯定不太方便。于是就出现了自动配置 IP 地址的方法，这就是 DHCP（Dynamic Host Configuration Protocol，动态主机配置协议）。DHCP 服务器能够为网络中的主机自动分配 IP 地址，从而达到减少工作量的目的。

项目需求

某公司原有的局域网规模很小，以手动的方式配置 IP 地址。随着公司计算机数量的增多，手动为客户机配置 IP 地址工作量大，且经常出现 IP 地址冲突等。考虑到该公司网络中的计算机数量较多并且位于不同部门，因此创建多个作用域，以实现针对不同的部门提供 IP 地址。

实施方案

使用 DHCP 服务器动态配置 IP 地址的主要步骤如下。

1）创建作用域。根据企业或公司计算机的数量不同，决定需要创建作用域的个数。

2）配置保留。为特殊用途的计算机预留 IP 地址，不再分配给网络中的其他计算机。

3）配置服务器级别、作用域级别或被保留客户机级别的选项。

4）在台式机较多的网络中，应将租约设置得相对长一些，以减少网络广播。在笔记本计算机较多的网络中，应将租约设置得相对短一些，以便于提高 IP 地址的使用率。

6-1
认识 DHCP

任务 6.1　认识 DHCP

在 TCP/IP 网络中，每个工作站在存取网络资源之前都必须进行基本的网络配置，主要的参数有 IP 地址、子网掩码、默认网关和 DNS 等。配置这些参数有两种方法：静态手工配置和从 DHCP 服务器上动态获得。

静态手工配置是早期使用的方法，在某些情况下，手工配置地址更加可靠。但是这种方法相当费时，而且容易出错或丢失信息。

使用 DHCP 服务器动态处理工作站的 IP 地址配置，实现了 IP 地址的集中式管理，基本上不需要人为干预，关键是减少了工作量，节省了工作时间。

6.1.1 DHCP 的概念

DHCP 服务是典型的基于网络的客户机/服务器模式应用，其实现必须包括 DHCP 服务器和 DHCP 客户机以及正常的网络环境。

DHCP 是一个用于简化对主机的 IP 配置信息进行管理的 IP 标准服务。该服务使用 DHCP 服务器，为网络中启用了 DHCP 功能的客户机动态分配 IP 地址及相关配置信息。

DHCP 负责管理两种数据：租用地址（已经分配的 IP 地址）和地址池中的地址（可用的 IP 地址）。

下面介绍几个相关的概念。

- DHCP 客户机：是指一台通过 DHCP 服务器来获得网络配置参数的主机。
- DHCP 服务器：是指提供网络配置参数给 DHCP 客户的主机。
- 租用：是指 DHCP 客户机从 DHCP 服务器上获得并临时占用该 IP 地址的过程。

6.1.2 DHCP 的工作过程

1. DHCP 客户首次获得 IP 租约

DHCP 客户首次获得 IP 租约时，与 DHCP 服务器建立联系的工作过程分为 4 个阶段，如图 6-1 所示。

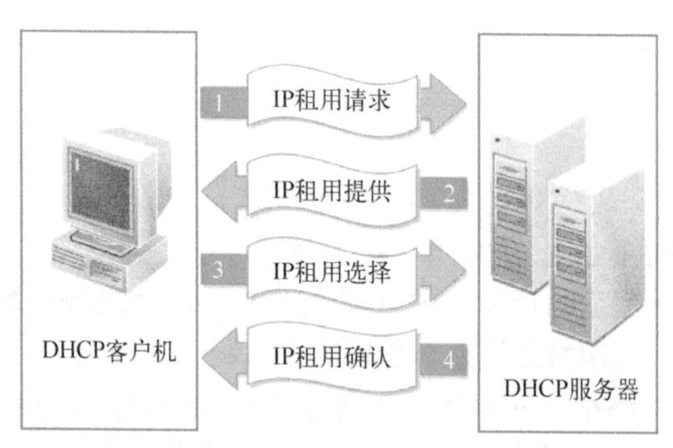

图 6-1 DHCP 的工作过程

1）IP 租用请求：DHCP 客户机启动计算机后，会广播一个 DHCPDISCOVER 数据报，向网络上的任意一台 DHCP 服务器请求提供 IP 租约。

2）IP 租用提供：网络上所有的 DHCP 服务器均会收到此数据报，每台 DHCP 服务器给 DHCP 客户回应一个 DHCPOFFER 广播数据报，提供一个 IP 地址。

3）IP 租用选择：客户机从多个 DHCP 服务器接收到提供的 IP 地址后，会选择第一个收到的 DHCPOFFER 数据报，并向网络中广播一个 DHCPREQUEST 数据报，表明自己已经接受一个 DHCP 服务器提供的 IP 地址。该广播数据报中包含所接受的 IP 地址和服务器的 IP 地址。

4）IP 租用确认：DHCP 服务器给客户机返回一个 DHCPACK 数据报，表明已经接受客户机的选择，并将这个 IP 地址的合法租用以及其他的配置信息都放入该广播数据报发给客户机。

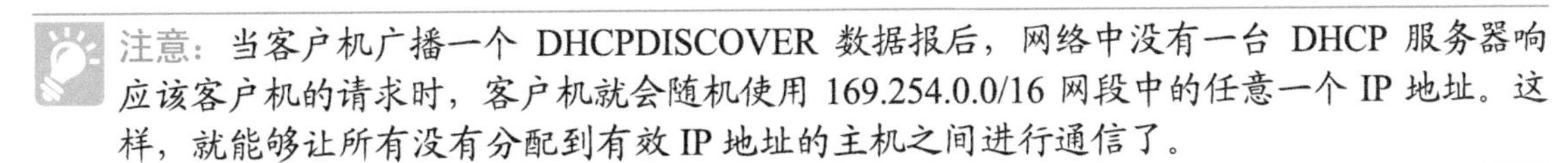

注意：当客户机广播一个 DHCPDISCOVER 数据报后，网络中没有一台 DHCP 服务器响应该客户机的请求时，客户机就会随机使用 169.254.0.0/16 网段中的任意一个 IP 地址。这样，就能够让所有没有分配到有效 IP 地址的主机之间进行通信了。

2．DHCP 客户机进行 IP 租约更新

取得 IP 租约后，DHCP 客户机必须定期更新租约，否则当租约到期时，就不能再使用此 IP 地址。具体过程如下。

1）在当前租期过去 50%时，DHCP 客户机直接向为其提供 IP 地址的 DHCP 服务器发送 DHCPREQUEST 数据报。如果客户机收到该服务器回应的 DHCPACK 数据报，客户机就根据报中所提供的新的租期以及其他已经更新的 TCP/IP 参数更新自己的配置，IP 租用更新完成。如果没有收到该服务器的回复，则客户机继续使用现有的 IP 地址。

2）如果在租期过去 50%时未能成功更新，则客户机将在当前租期过去 87.5%时再次向为其提供 IP 地址的 DHCP 联系。如果联系不成功，则重新开始 IP 租用过程。

3）如果 DHCP 客户机重新启动，它将尝试更新上次关机时拥有的 IP 租用。如果更新未能成功，客户机将尝试联系现有 IP 租用中列出的默认网关。如果联系成功且租用未到期，客户机则认为自己仍然位于与它获得现有 IP 租用时相同的子网上，继续使用现有 IP 地址。如果未能与默认网关联系成功，客户端则认为自己已经被移到不同的子网上，则 DHCP 客户机将失去 TCP/IP 网络功能。此后，DHCP 客户机将每隔 5 分钟尝试一次重新开始新一轮的 IP 租用过程。

任务 6.2　安装与验证 DHCP 服务

6.2.1　安装 DHCP 服务

在配置 DHCP 服务之前，必须在服务器上安装 DHCP 服务。在 Linux 的平台下，安装 DHCP 服务前应该保证服务器具有静态的 IP 地址。RHEL 7 提供了一套完整的 DHCP 软件包，主要包括以下组件。

6-2
安装与验证
DHCP 服务

- dhcp-4.2.5-47.el7.x86_64.rpm：DHCP 主程序包，包括 DHCP 服务和中继代理程序（默认未安装），安装该软件包并进行相应的配置后，就可以为客户端动态地分配 IP 地址及其他参数信息。
- dhclient-4.2.5-47.el7.x86_64.rpm：DHCP 客户端软件包，默认已安装。

- dhcp-common-4.2.5-47.el7.x86_64.rpm：DHCP 服务器开发工具软件包，DHCP 开发提供库文件支持。

RHEL 7 默认没有安装 DHCP 的主程序包。具体的安装过程如下所示。

```
[root@ localhost Packages]# rpm -ivh dhcp-4.2.5-47.el7.x86_64.rpm
```

6.2.2 验证 DHCP 服务

DHCP 服务安装完成后，应该验证是否安装成功。具体操作如下。

```
[root@localhost ~]# rpm -q dhcp 或 rpm -qa | grep dhcp
dhcp-4.2.5-47.el7.x86_64
```

若输出 DHCP 软件包的名称，则说明已安装成功。若未安装成功，则可利用软件包来直接安装。

任务 6.3 配置与管理 DHCP 服务

在 Linux 系统中，主要通过主配置文件/etc/dhcp/dhcpd.conf（简称 DHCP 主配置文件）来实现对 DHCP 服务器的配置，主要包括作用域、IP 地址分配范围、DHCP 选项、组的运用等方面的设置。

6.3.1 熟悉 DHCP 主配置文件

在任务 6.2 安装好 DHCP 服务后，/etc/dhcp 目录中会自动创建一个空白的 dhcpd.conf 主配置文件，/usr/share/doc/dhcp*/目录中会创建一个样本文件 dhcpd.conf.example。在实际操作中，需要将样本文件复制到/etc/dhcp/dhcpd.conf 文件中，并根据实际的场景进行修改即可，具体操作如下。

```
[root@localhost ~]# cp /usr/share/doc/dhcp-4.2.5/dhcpd.conf.example /etc/
dhcp/dhcpd.conf
```

1．主配置文件/etc/dhcp/dhcpd.conf 文件格式

DHCP 主配置文件是从样本文件/usr/share/doc/dhcp-4.2.5/dhcpd.conf.example 文件中复制而来的，如果配置错误，又查找不出错误的原因，可以将样本文件重复复制过来，以便重新配置。

6-3
熟悉 DHCP
主配置文件

/etc/dhcp/dhcpd.conf 是一个包含若干参数、声明以及选项的文件，如图 6-2 所示。其基本结构如下。

```
#全局设置
参数或选项;                #全局生效
#局部设置
声明{
          参数或选项;      #局部生效
}
```

```
root@localhost:/usr/share/doc/dhcp-4.2.5
文件(F)  编辑(E)  查看(V)  搜索(S)  终端(T)  帮助(H)
[root@localhost dhcp-4.2.5]# cat /etc/dhcp/dhcpd.conf
# dhcpd.conf
#
# Sample configuration file for ISC dhcpd
#

# option definitions common to all supported networks...
option domain-name "example.org";
option domain-name-servers ns1.example.org, ns2.example.org;

default-lease-time 600;
max-lease-time 7200;

# Use this to enble / disable dynamic dns updates globally.
#ddns-update-style none;

# If this DHCP server is the official DHCP server for the local
# network, the authoritative directive should be uncommented.
#authoritative;

# Use this to send dhcp log messages to a different log file (you also
# have to hack syslog.conf to complete the redirection).
log-facility local7;

# No service will be given on this subnet, but declaring it helps the
# DHCP server to understand the network topology.

subnet 10.152.187.0 netmask 255.255.255.0 {
}

# This is a very basic subnet declaration.

subnet 10.254.239.0 netmask 255.255.255.224 {
  range 10.254.239.10 10.254.239.20;
```

图 6-2　DHCP 主配置文件内容

说明：

1）全局设置部分对整个 DHCP 服务器起作用；局部设置部分仅对局部生效。

2）注释语句通常以“#”号开头，可以放在任何位置。

3）每一行参数或选项定义都要以“;”号结束，但声明所用的大括号所在行除外。

2．主配置文件中的声明

声明用来描述网络布局及提供客户端的 IP 地址等信息，DHCP 主配置文件中包括以下几个常用声明如表 6-1 所示。

表 6-1　DHCP 主配置文件中的声明

声明	语法	说明
subnet	subnet　subnet-number　netmask	用于提供足够的信息来阐明一个 IP 地址是否属于该子网
range	range [dnamic-bootp] low-address　[high-address];	对于任何一个需要动态分配 IP 地址的 subnet 语句里，至少要有一个 range 语句，用于说明要分配的 IP 地址范围

host	host hostname{
	[parameters]
	[declarations]
	}
		为特定的 DHCP 客户机提供 IP 网络参数

group	group {
	[parameters]
	[declarations]
	}
		为一组参数提供声明

shared-network	shared-network name {
	[parameters]
	[declarations]
	}
		共享网络声明

allow 和 deny	allow unknow-clients; deny unknown-clients;	是否动态分配 IP 地址给未知的客户
	allow bootp; deny bootp;	是否响应激活查询
	allow booting; deny booting;	是否响应使用者查询

3. DHCP 主配置文件中的参数，如表 6-2 所示。

表 6-2 DHCP 主配置文件中的参数

参数	语法	说明
ddns-update-style	ddns-update-style interim|none;	配置 DHCP-DNS 互动更新模式
default-lease-time	default-lease-time time;	指定默认租期
max-lease-time	max-lease-time time;	指定最长的租期
hardware	hardware hardware-type hardware-address;	指定硬件接口类型及硬件地址
fixed-address	fixed-address address [,address….];	为 DHCP 客户端指定的 IP 地址
server-name	server-name name;	告知 DHCP 客户机服务器的名称

4. DHCP 主配置文件中的选项，如表 6-3 所示。

表 6-3 DHCP 主配置文件中的选项

domain-name	option domain-name string;	为客户机指定 DNS 名
domain-name-servers	option domain-name-servers ip-address[,ip-address…];	为客户机指定 DNS 服务器的 IP 地址
host-name	option host-name string;	为客户机指定主机名
routers	option routers ip-address [,ip-address…];	为客户机设置默认网关
subnet-mask	option subnet-mask ip-address;	为客户机设置子网掩码
broadcast-address	option broadcast-address ip-address;	为客户机设置广播地址

6.3.2 配置 DHCP 作用域

配置 DHCP 作用域是指对子网中使用 DHCP 服务的计算机进行 IP 地址管理性分组。网络管理员首先为每个物理子网创建作用域，然后使用该作用域定义客户端使用的参数。

6-4
配置 DHCP 作用域

1. 声明 DHCP 作用域

在 DHCP 主配置文件中，可以用 subnet 语句来声明一个作用域，具体语法见表 6-1。

subnet 声明确定要提供 DHCP 服务的 IP 子网，子网需要用网络 ID 和子网掩码进行与运算来得出。这里的网络 ID 必须与 DHCP 服务器所在的网络 ID 相同。

例如，为 192.168.1.0/24 子网进行子网声明的语句如下所示。

```
subnet 192.168.1.0  netmask 255.255.255.0 {
......
}
```

2. 设置分配 IP 地址的范围

DHCP 作用域由给定子网上 DHCP 服务器可以租借给客户机的 IP 地址池组成，如从 192.168.1.1 到 192.168.1.254。每个子网都只能有一个具有连续 IP 地址范围的单个 DHCP 作用域。要在单个作用域或子网内使用多个地址范围来提供 DHCP 服务，必须首先定义作用域。具体可以使用 range 语句来定义 IP 地址范围，如下所示。

```
range 192.168.1.1 192.168.1.254;
```

3．绑定静态的 IP 地址

在网络中总有一些主机起着特殊的作用，例如为网络中的客户机提供 Web、FTP 等服务，由于这些主机本身就是服务器，因此必须保证它们使用固定的 IP 地址。那么，这种绑定指的就是将 IP 地址与 MAC 地址绑定。

绑定静态 IP 地址需要使用 host 语句和 hardware、fixed-address 参数，详见表 6-1 和表 6-2。

例如，需要为某个局域网内的 FTP 服务器绑定静态的 IP 地址，配置语句如下。

```
host ftpsrv {
hardware ethernet 00:2d:34:8e:23:87;
fixed-address 192.168.1.100;
}
```

这样就可以将 IP 地址 192.168.1.100 与 MAC 地址 00:2d:34:8e:23:87 绑定了。

6.3.3　使用 group 简化 DHCP 的配置

使用 group 语句可以为多个作用域、多台主机设置共同的参数或选项，从而达到简化 DHCP 服务器配置的目的。例如，通过使用 group 语句为 srv1 和 srv2 主机设置一个共同的路由器地址，配置语句如下。

6-5 使用 group 简化 DHCP 的配置

```
group {
option  routers  192.168.0.1;
host srv1{
hardware ethernet  00:0C:29:C1:F0:A1;
fixed-address 192.168.0.10;
}
host srv2{
hardware ethernet  00:0c:29:EC:A8:50;
fixed-address 192.168.0.11;
}
}
```

6-6 管理 DHCP 服务和管理 DHCP 的地址租约

6.3.4　管理 DHCP 服务

在 Linux 操作系统下，配置好 DHCP 服务器后，为了让配置文件生效，应该重新启动 DHCP 服务。可以通过 systemctl 命令来实现 DHCP 服务的基本管理，具体用法如下。

1）启动 dhcpd 服务器：systemctl start dhcpd。

2）重启 dhcpd 服务器：systemctl restart dhcpd。

3）查询 dhcpd 服务器状态：systemctl status dhcpd。

4）停止 dhcpd 服务器：systemctl stop dhcpd。

6.3.5　管理 DHCP 的地址租约

DHCP 服务器安装并启动服务后，在装有 Windows 操作系统的计算机上，将 IP 地址设置为动态获得，在指定的作用域接入网络并启动计算机，然后在 MS-DOS 状态下执行 ipconfig /all 命令，此时若能看到分配到的 IP 地址、默认网关和 DNS 服务器地址，则说明 DHCP 服务器工作正常，配置成功。

通过查看 DHCP 服务器下的/var/lib/dhcpd/dhcpd.leases 文件，网络管理员可以了解 DHCP 服务器的运行情况。

/var/lib/dhcpd/dhcpd.leases 文件的格式如下。

```
lease  address  { statement }
```

该文件的每一行都以 lease 开头，即第一个字段是 lease，第二个字段是 DHCP 服务器分配的 IP 地址，第三个字段是一串定义 lease 特征的命令。第三个字段中的 DHCP 租约参数如表 6-4 所示。

表 6-4 DHCP 租约参数

值	说明
开始时间	是 lease 开始租用的时间（包括年、月、日、时、分、秒）
结束时间	是 lease 结束租用的时间（包括年、月、日、时、分、秒）
网卡的硬件地址	指定客户端的网卡 MAC 地址
客户机的 uid 标识	用来验证客户机身份
客户机的主机名	如果客户机提供使用客户机主机名的选项，就必须指定客户机的主机名
主机名	指定一台微软 Windows 客户机的主机名，当需要时提供
废弃	用来标识一个废弃的 IP 地址 abandoned

下例为租约文件的两种状态。

```
lease 192.168.0.26 {
  starts 2 2021/03/01 03:25:09;
  ends 2 2021/03/01 09:25:09;
  binding state active;
  next binding state free;
  hardware ethernet 00:0c:29:4f:a7:a5;
  uid "001\012\000\352\034\234";
  client-hostname "host1";
}
lease 192.168.0.254 {
  starts 2 2021/03/01 03:25:09;
  ends 2 2021/03/01 03:25:09;
  binding state abandoned;
  next binding state free;
}
```

6-7
配置 DHCP 客户机

任务 6.4 配置 DHCP 客户机

6.4.1 在 Windows 操作系统下配置 DHCP 客户机

1. 配置 DHCP 客户机

配置 DHCP 客户机的操作步骤比较简单，打开本地连接的“Internet 协议版本 4（TCP/IPv4）属性”对话框，选择“自动获得 IP 地址”和“自动获得 DNS 服务器地址”单选按钮即可，如图 6-3 所示。当然也可以只在 DHCP 服务器上获取部分参数。

Internet 协议版本 4 (TCP/IPv4) 属性

常规　备用配置

如果网络支持此功能，则可以获取自动指派的 IP 设置。否则，你需要从网络系统管理员处获得适当的 IP 设置。

◉ 自动获得 IP 地址(O)
○ 使用下面的 IP 地址(S):
IP 地址(I):
子网掩码(U):
默认网关(D):

◉ 自动获得 DNS 服务器地址(B)
○ 使用下面的 DNS 服务器地址(E):
首选 DNS 服务器(P):
备用 DNS 服务器(A):

□ 退出时验证设置(L)　高级(V)...

确定　取消

图 6-3　Windows 下的 DHCP 客户机配置

2．**DHCP** 客户机的租约验证、释放或续订

在启用了 DHCP 的客户机上，租约将按照已定策略进行更新。如果需要查看或手动地管理，可以打开命令提示符窗口，使用 ipconfig 命令行实用工具通过 DHCP 服务器验证、释放或续订客户端的租约。

要打开命令提示符窗口，选择“开始”→“所有程序”→“附件”→“命令提示符”菜单命令。

要查看或验证 DHCP 客户机的租约，输入“ipconfig”或者“ipconfig /all”，如图 6-4 所示。

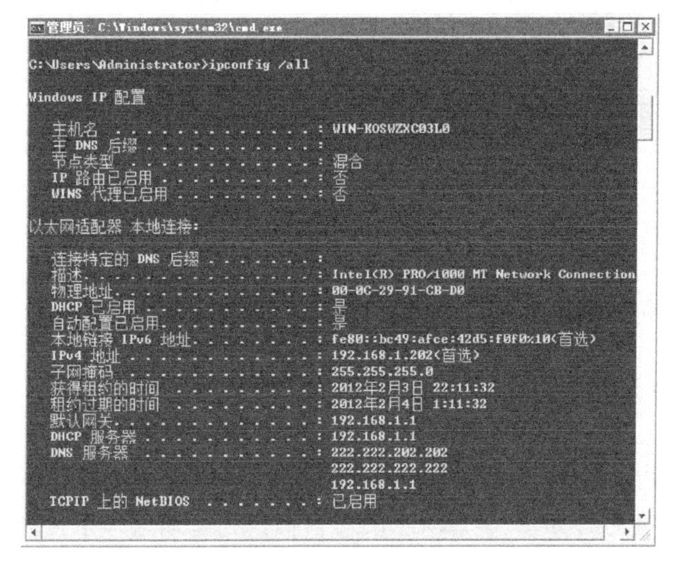

图 6-4　查看租约

要释放 DHCP 客户机租约，输入“ipconfig /release”，如图 6-5 所示。

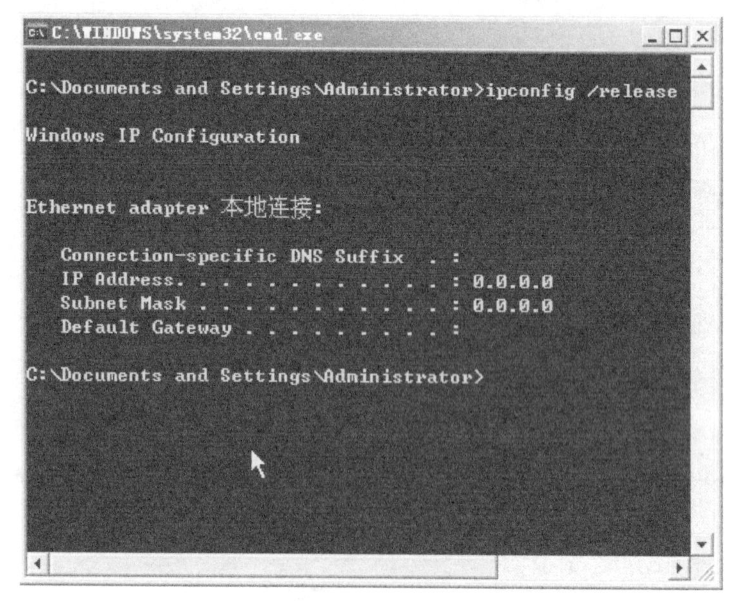

图 6-5 释放租约

要续订 DHCP 客户机租约，输入“ipconfig /renew”，如图 6-6 所示。续订成功后相应的参数会发生变化，特别注意利用 ipconfig /all 命令观察租期的变化。

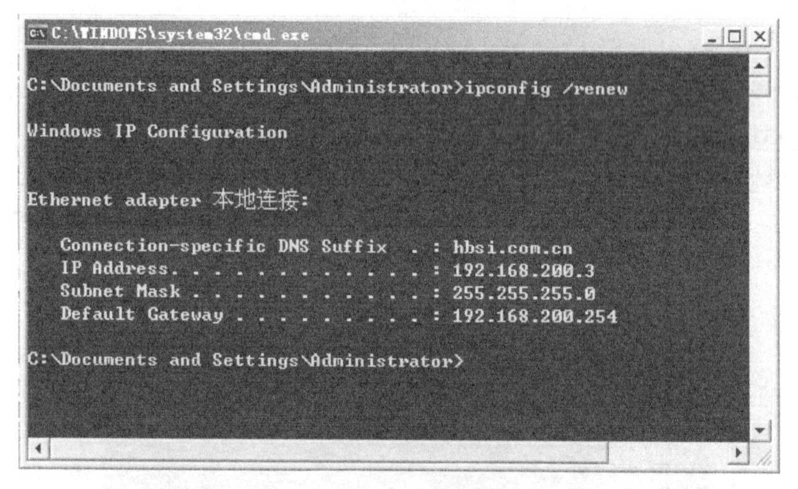

图 6-6 租约的续订

6.4.2 在 Linux 操作系统下配置 DHCP 客户机

1. 配置 DHCP 客户机

（1）在图形界面中进行配置

在 Linux 的图形界面下，打开网络配置对话框，选中要配置的网卡，例如 ifcfg-ens33，单击“编辑”按钮，会打开如图 6-7 所示的对话框，在“地址”下拉列表框中选中“自动（DHCP）”选项即可。

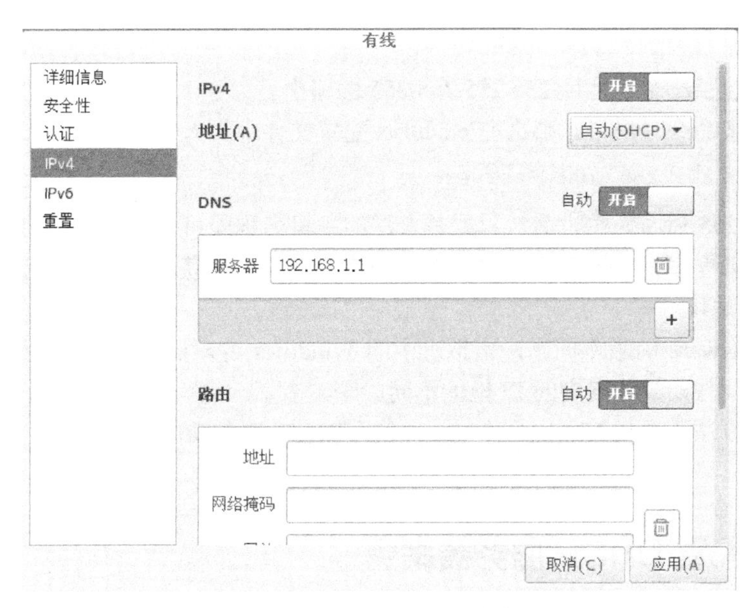

图 6-7　Linux 下的 DHCP 客户机配置

设置完成后，需要重新启动 DHCP 服务，设置才能生效。

（2）通过文件进行配置

1）修改/etc/sysconfig/network 文件，它应包括以下行。

```
NETWORKING=yes
# echo "NETWORKING=yes">/etc/sysconfig/network
```

这个文件中可能有更多信息，但是如果想在引导时启动联网，NETWORKING 变量必须被设为 yes。

2）修改 /etc/sysconfig/network-scripts/ifcfg-ens33 文件，它应包括以下几行。

```
DEVICE=ens33
BOOTPROTO=dhcp
ONBOOT=yes
```

3）重新启动网卡或重启网络服务。

```
ifdown ens33
ifup ens33
```

4）测试是否获得 IP 地址。

```
[root@localhost ~]# ip addr
```

实际上，客户机获得 IP 租约的数据都被记载在特定的文件中，例如网卡 ens33 的租约记录在文件/var/lib/dhclient-ens33.leases 中。

6.4.3　解决 DHCP 客户机无法获得 IP 地址的问题

网络中的客户机没办法获得 IP 地址。如果 DHCP 服务器配置完成且没有任何语法错误，网络中的客户端还是无法获取到 IP 地址。这通常是由于 Linux DHCP 服务器无法接收到来自 255.255.255.255 的 DHCP 客户机的 request 封装数据报造成的。

解决方法为执行如下命令。

```
[root@localhost ~]# route add -host 255.255.255.255 dev eth0
```

上述命令创建了一个到地址 255.255.255.255 的路由。

如果添加这条命令时报错，那么在/etc/hosts 配置文件中加入一行信息，如下所示。

```
255.255.255.255  dhcp-server
```

255.255.255.255 后面为主机名，只要是合法的主机名称即可，没有特殊的约束和要求。

DHCP 客户机程序和 DHCP 服务器不兼容或者客户机无法获取到有效的 IP 地址，也会导致不能正常获得 IP 地址。

有时因为 VMware 的版本问题，虚拟机中的 Windows 客户机可能会获取到 192.168.79.0 网段中的一个地址，与期望获取到的 IP 地址不同。

此时的解决方法为关闭 VMnet1 和 VMnet8 的 DHCP 服务功能。

任务 6.5　配置 DHCP 服务器案例

DHCP 服务是通过广播的方式使客户机从 DHCP 服务器获取到 IP 地址等参数信息的。对于包括多个子网的复杂网络，需要涉及多作用域。对于当前地址池几乎耗尽的情况，可以通过配置超级作用域解决这一问题。下面通过几个案例分别进行介绍。

6.5.1　配置多宿主 DHCP 服务器

多宿主 DHCP 服务器是指在一台 DHCP 服务器上安装多个网络接口，分别为多个独立的网络提供服务，如图 6-8 所示。

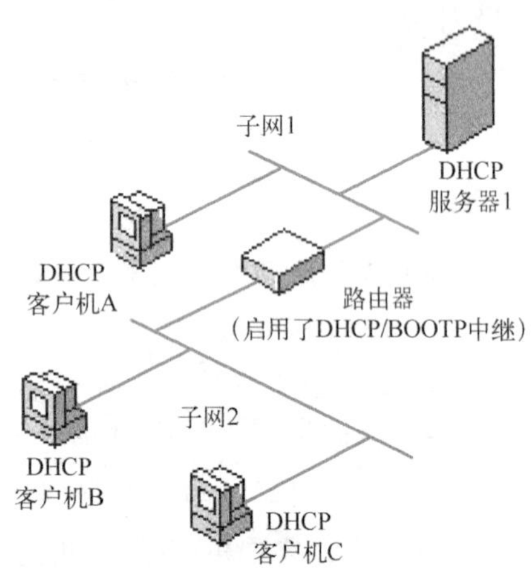

图 6-8　多宿主 DHCP 服务器

DHCP 服务器连接了两个子网，因而需要在 DHCP 服务器上创建两个作用域，一个对应子网 1，另一个对应子网 2。在 DHCP 主配置文件中进行配置时，应该对每个子网设置一个 subnet 子网声明，还应该对两个子网分别声明作用域，具体配置语句如下。

```
ddns-update-style interim;
default-lease-time 6000;
max-lease-time 7200;
subnet 192.168.0.0 netmask 255.255.255.0 {
option  subnet-mask  255.255.255.0;
option  routers  192.168.0.1;
range  192.168.0.21  192.168.0.250;
}
subnet  192.168.1.0  netmask  255.255.255.0 {
option  subnet-mask  255.255.255.0;
option  routers  192.168.1.1;
range  192.168.1.5  192.168.1.115;
}
```

DHCP 服务器通过两块网卡监听客户机的请求，并进行相应的应答。当与其中某块网卡位于同一网段的 DHCP 客户机访问 DHCP 服务器时，将从与该网卡对应的作用域中获取 IP 地址。

6.5.2　配置 DHCP 超级作用域

使用超级作用域，可以将多个作用域组合为单个管理实体。超级作用域可以解决多网结构中的某种 DHCP 部署问题，包括以下情形。

1）当前活动作用域的可用地址池几乎已耗尽，但是还需要向网络添加更多的计算机。最初的作用域包括指定地址类的单个 IP 网络的一段完全可寻址范围，现在需要使用另一个 IP 网络地址范围以扩展同一物理网段的地址空间。

2）客户机必须随时间迁移到新作用域，例如重新为当前 IP 网络编号，从现有的活动作用域中使用的地址范围到包含另一 IP 网络地址范围的新作用域。

3）在同一物理网段上使用两个 DHCP 服务器以管理分离的逻辑 IP 网络。

图 6-9 所示为一个 DHCP 超级作用域网络拓扑，从由一个物理网段和一个 DHCP 服务器组成的简单 DHCP 网络，扩展为使用超级作用域支持多网配置的网络。

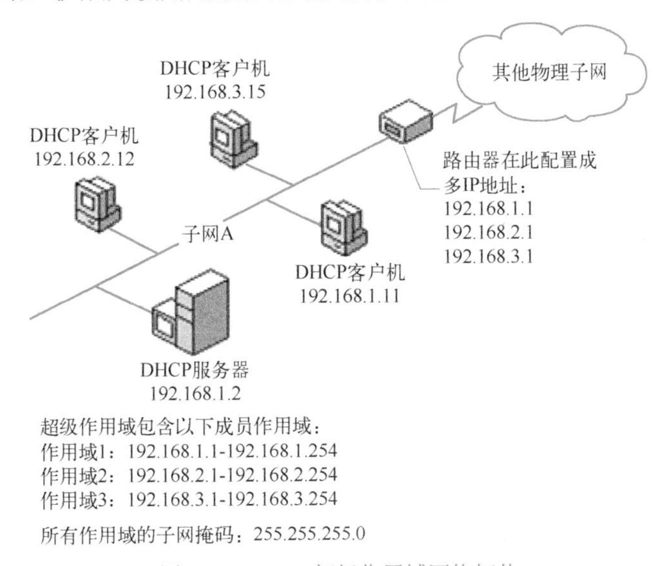

图 6-9　DHCP 超级作用域网络拓扑

如果当前作用域的地址池快要耗尽，还需要向网络添加更多的计算机，就需要添加新的作用域以扩展 IP 地址空间，从而为单个物理网络上的 DHCP 客户机提供多个作用域的租约。

（1）dhcpd.conf 文件的语法格式

```
shared-network 超级作用域名称 {
    [参数或选项]              //设置对所有作用域有效
    subnet  网络ID   netmask  子网掩码  {
      …..}
    [subnet ……]              //声明若干其他作用域
  }
```

（2）修改 DHCP 主配置文件如下

```
ddns-update-style interim;
```

```
ignore client-updates;
shared-network abcgroup {
subnet 192.168.1.0 netmask 255.255.255.0 {
option subnet-mask 255.255.255.0;
option routers 192.168.1.1;
range 192.168.1.1 192.168.1.254;}
subnet 192.168.2.0 netmask 255.255.255.0 {
option subnet-mask 255.255.255.0;
option routers 192.168.2.1;
range 192.168.2.1 192.168.2.254;}
subnet 192.168.3.0 netmask 255.255.255.0 {
option subnet-mask 255.255.255.0;
option routers 192.168.3.1;
range 192.168.3.1 192.168.3.254;}
}
```

说明：DHCP 网络包含多个作用域，这些作用域分配给客户端的 IP 地址不在同一子网，要实现相互访问，还需要对网关配置多个 IP 地址，然后在每个作用域中设置相应的网关地址，在网关上设置路由，使不在同一子网的计算机之间能够相互通信。

6.5.3 配置 DHCP 服务器综合应用

假设要为某局域网安装并配置一台 DHCP 服务器，为 192.168.1.0/24 网段和 192.168.2.0/24 网段的用户提供 IP 地址动态分配服务。192.168.1.0/24 网段用于动态分配的 IP 地址池范围为 192.168.1.20～192.168.1.160，默认网关（路由）为 192.168.1.1，该网段的其余地址保留或用于静态分配，物理地址为 00:0C:29:04:FB:E2 的网卡的固定 IP 地址为 192.168.1.100，物理地址为 00:0C:29:04:ED:35 的网卡的固定 IP 地址为 192.168.1.101。

192.168.2.0/24 网段的默认网关为 192.168.2.1，用于动态分配的 IP 地址池范围为 192.168.2.20～192.168.2.100 和 192.168.2.140～192.168.2.240，各网段默认的域名服务器为 202.99.166.4 和 202.99.160.68，物理地址为 00:0C:29:1E:2F:4A 的网卡的固定 IP 地址为 192.168.2.100。

根据需求可知，要提供 IP 地址动态分配的网段有 2 个，因此，需要在 DHCP 服务器中定义 2 个 DHCP 作用域。对于各作用域都相同的域名服务器，可将其定义为默认域名服务器，在各作用域中可不再单独配置。

以下为具体的配置步骤。

```
[root@localhost ~]# vim /etc/dhcp/dhcpd.conf
//全局设置
ddns-update-style interim;        //设置 dns 的动态更新方式
//以下设置是否允许动态更新 dns。若允许，则设置为 allow client-updates
deny client-updates;              //或设置为 ignore client-updates，不允许更新
default-lease-time 604800;        //设置默认的 IP 租期，以秒为单位
max-lease-time 864000;            //设置默认的最长租期
option subnet-mask 255.255.255.0;             //设置默认的子网掩码
#option domain-name "hbsidomain.com";         //设置默认域名
option domain-name-servers 202.99.166.4,202.99.160.68; //设置默认的域名服务器
option time-offset -18000;                             //东部标准时间
//设置默认的 WINS 服务器，以解析主机名称，该配置项一般很少使用
```

```
#option netbios-name-servers 192.168.252.253;
//分别定义 DHCP 的作用域
subnet 192.168.1.0 netmask 255.255.255.0 {
  range 192.168.1.20  192.168.1.160;              //指定可分配的 IP 地址范围
  option broadcast-address 192.168.1.255;   //指定该网段的广播地址，可不设置
  option routers 192.168.1.1;                //指定该网段的默认网关
}
subnet 192.168.2.0 netmask 255.255.255.0 {
  range 192.168.2.20   192.168.2.100;             //指定第 1 段 IP 地址范围
  range 192.168.2.140  192.168.2.240;             //指定第 2 段 IP 地址范围
  option broadcast-address 192.168.2.255;   //指定该网段的广播地址
  option routers 192.168.2.1;                //指定该网段的默认网关
}
//对特殊的主机进行设置
group{
    default-lease-time 259200;                //可为该组的客户机单独设置租期
    option routers 192.168.1.1;               //为该组设置默认网关
host staticiphost1 {
    hardware ethernet 00:0C:29:04:FB:E2;      //指定网卡的物理地址
    fixed-address 192.168.1.100;              //指定分配到的固定 IP 地址
    }
host staticiphost2 {
    hardware ethernet 00:0C:29:04:ED:35;
    fixed-address 192.168.1.101;
    }
host staticiphost3 {
    hardware ethernet 00:0C:29:1E:2F:4A;
    fixed-address 192.168.2.100;
    option routers 192.168.2.1;               //为该主机特别指定默认网关
    }
   }
```

项目小结

本项目结合企业的 DHCP 服务器的架设需求，详细地讲述了 DHCP 服务器和 DHCP 客户机的配置过程。通过本项目的学习，学生掌握了 DHCP 的架设过程，也了解了 DHCP 的相关知识。

实训练习

1. 实训目的

掌握 DHCP 服务器的搭建。

2. 实训内容

1）安装 DHCP 服务。

2）配置 DHCP 服务器。

3）配置 DHCP 客户机。

3．实训步骤

1）安装 DHCP 服务。

2）为网络创建一个作用域。

3）将客户机计算机设置为“自动获得 IP 地址”。

4）使用 ip addr 命令检查计算机是否正确获得 IP 地址。

课后习题

一、选择题

1．如果 DHCP 客户机无法获取 IP 地址，将自动从（　　）地址段中选择一个作为自己的地址。

A．169.254.0.0/16　　B．192.168.0.0/24

C．10.0.0.0/8　　D．172.16.0.0/12

2．DHCP 租约文件默认保存在（　　）目录中。

A．/etc/dhcpd.conf　　B．/var/lib/dhcpd/dhcpd.leases

C．/var/lib/dhcpd/dhcpd　　D．/var/lib/dhcpd.leases

3．配置完 DHCP 服务器，运行（　　）命令可以启动 DHCP 服务。

A．systemctl start dhcpd.service　　B．systemctl stop dhcpd.service

C．systemctl start dhcp.service　　D．systemctl stop dhcp.service

4．配置 Linux 客户机需要网卡配置文件，将 BOOTPROTO 项设置为（　　）。

A．no　　B．yes　　C．dhcp　　D．dhcpd

5．当客户机注意到它的租约到达（　　）以上时，就可以更新该租期了。这时它会发送一个（　　）信息包给 DHCP 服务器。

A．50%　DHCPREQUEST　　B．25%　DHCPREQUEST

C．75%　DHCPDISCOVER　　D．80%　DHCPDISCOVER

二、简答题

1．简要说明 IP 地址动态分配方案有什么特点。

2．DHCP 工作过程包括哪几个步骤。

3．如何获得 DHCP 的范本文件？

4．简要说明 DHCP 服务器的配置过程。

5．简要说明如何配置 DHCP 中继代理。

6．网卡 ens33 的配置文件位于哪个目录下？为了测试 DHCP 服务器，需要如何配置该文件？

项目 7　搭建 DNS 服务器

项目学习目标

- 了解 DNS 服务器的作用及其在网络中的重要性
- 理解 DNS 的域名空间结构及其工作过程
- 掌握 DNS 服务的安装
- 掌握 DNS 服务器的配置与管理方法

案例情境

人们上网时用的网址其实就是一个域名，而网络上的计算机彼此之间用 IP 地址相互识别。例如，当要访问某个 Web 服务器中的页面时，可以在 IE 地址栏中输入网址或域名，也可输入 IP 地址来完成操作。IP 地址很难记住，而域名不仅便于记忆，而且即使在 IP 地址发生变化的情况下，通过改变解析对应关系，域名也可保持不变。搭建 DNS（Domain Name System，域名系统）服务器，就是为了建立 IP 地址和域名的对应关系，从而省去记忆 IP 地址的烦恼。

项目需求

某企业有一个局域网，IP 地址网段是 192.168.48.0/24。该企业已经有自己的网站，员工可以通过域名访问企业网站，同时也可以访问 Internet 上的其他网站。该企业已经申请了域名 abc.com，Internet 上的用户可以通过域名访问公司的网站。为了保证网站可靠性，不能因为 DNS 的故障导致网页不能访问。

实施方案

经过 DNS 服务器进行域名解析，用户可以通过友好的名称查找计算机和服务。当用户在应用程序中输入 DNS 名称时，DNS 服务可以将此名称解析为与之相关的 IP 地址。配置和实现 DNS 服务的主要步骤如下。

1）理解 DNS 的域名空间结构及其工作过程。根据企业的性质和名称，申请域名空间。

2）配置主 DNS 服务器。根据企业需求设置正向解析、反向解析和主配置文件。

3）配置辅助 DNS 服务器。

4）配置 DNS 客户机。

5）测试 DNS 服务。

7-1
认识 DNS

任务 7.1　认识 DNS

人们上网时输入网址后，域名解析系统解析并找到相对应的 IP 地址，这样才能连接到网络。DNS 实现网络访问中域名和 IP 地址的相互转换，是 Internet/Intranet 中最基础也是非常重要的一项服务，可以将复杂的不容易记忆的 IP 地址转化成有意义的容易记忆的域名。

7.1.1 了解 DNS 服务

在 TCP/IP 网络中，每台主机都必须有一个唯一的 IP 地址。当某台主机要访问另外一台主机上的资源时，必须指定另一台主机的 IP 地址，通过 IP 地址找到这台主机后才能访问这台主机。但是，当网络的规模较大时，使用 IP 地址就不太方便了，所以，便出现了主机名（Host Name）与 IP 地址之间的一种对应解决方案，可以通过应用形象易记的主机名而非 IP 地址进行网络的访问，这比单纯使用 IP 地址要方便得多。其实，在这种解决方案中应用了解析的概念和原理。单独通过主机名是无法建立网络连接的，只有通过解析的过程在主机名和 IP 地址之间建立了映射关系后，才可以通过主机名间接地通过 IP 地址建立网络连接。

主机名与 IP 地址之间的映射关系，在小型网络中多使用 hosts 文件来完成，后来，随着网络规模的增大，为了满足不同组织的要求，以实现一个可伸缩、可自定义的命名方案，InterNIC 制定了一套称为域名系统（DNS）的分层名字解析方案，当 DNS 用户提出 IP 地址查询请求时，可以由 DNS 服务器中的数据库提供所需的数据，完成域名和 IP 地址的相互转换。DNS 技术目前已广泛应用于 Internet 中。

组成 DNS 系统的核心是 DNS 服务器，它是回答域名服务查询的计算机，它为连接 Intranet 和 Internet 的用户提供并管理 DNS 服务，维护 DNS 名字数据并处理 DNS 客户端主机名的查询。DNS 服务器保存了包含主机名和相应 IP 地址的数据库。

DNS 服务器分为以下三类。

1）主 DNS 服务器（Master 或 Primary）。主 DNS 服务器负责维护所管辖域的域名服务信息。它从域管理员构造的本地磁盘文件中加载域信息，该文件（区文件）包含该服务器具有管理权的一部分域结构的准确信息。配置主 DNS 服务器需要一整套的配置文件，包括主配置文件（/etc/named.conf）、正向域的区文件、反向域的区文件、高速缓存初始化文件（/var/named/named.ca）和回送文件（/var/named/named.local）。

2）辅助 DNS 服务器（Slave 或 Secondary）。辅助 DNS 服务器用于分担主 DNS 服务器的查询负载。区文件是从主服务器中转移出来的，并作为本地磁盘文件存储在辅助服务器中，这种转移称为“区文件转移”。在辅助 DNS 服务器中有一个所有域信息的完整复制，可以权威地回答对该域的查询请求。配置辅助 DNS 服务器不需要生成本地区文件，因为可以从主服务器上下载该区文件。因而只须配置主配置文件、高速缓存文件和回送文件就可以了。

3）唯高速缓存 DNS 服务器（Caching-only DNS Server）。唯高速缓存 DNS 服务器供本地网络上的客户机进行域名转换的。它通过查询其他 DNS 服务器并将获得的信息存放在它的高速缓存中，为客户机查询信息提供服务。唯高速缓存 DNS 服务器不是权威性的服务器，因为它提供的所有信息都是间接信息。

7.1.2 了解 DNS 查询模式

按照 DNS 查询区域的类型，可以将 DNS 的区域分为正向查询区域和反向查询区域。正向查询是 DNS 服务的主要功能，它根据计算机的 DNS 名称（域名）解析出相应的 IP 地址；反向查询是根据计算机的 IP 地址解析出它的 DNS 名称（域名）。

7-2
DNS 查询模式与域名空间结构

1．正向查询

正向查询就是根据域名，搜索出对应的 IP 地址。其查询方法为：当 DNS 客户机（也可以是 DNS 服务器）向首选 DNS 服务器发出查询请求后，如果首选 DNS 服务器数据库中没有与请求对应的数据，则会将查询请求转发给另一台 DNS 服务器。依此类推，直到找到与查询请求对应的数据为止，如果最后一台 DNS 服务器中也没有所需的数据，则通知 DNS 客户机查询失败。

2．反向查询

反向查询与正向查询正好相反，它是指利用 IP 地址查询出对应的域名。

7.1.3 熟悉 DNS 域名空间结构

DNS 树的每个节点代表一个域，通过这些节点对整个域名空间进行划分，成为一个层次结构。域名空间的每个域用域名表示。域名通常由一个全限定域名（Fully Qualified Domain Name，FQDN）标识。全限定域名能准确表示出其相对于 DNS 域树根的位置，也就是节点到 DNS 树根的完整表述方式。从节点到树根采用反向书写，并将每个节点用“.”分隔，对于 DNS 域 google 来说，其全限定域名为 google.com。

一个 DNS 域可以包含主机和其他域（子域），每个机构都拥有名称空间的某一部分的授权，负责该部分名称空间的管理和划分，并用它来命名 DNS 域和计算机。例如，google 为 com 域的子域，其表示方法为 google.com，而 www 为 google 域中的 Web，可以使用 www.google.com 表示。

Internet 域名空间结构为一棵倒置的树，并进行层次划分。由树根到树枝，也就是从 DNS 根到下面的节点，按照不同的层次进行了统一的命名。域名空间最顶层，即 DNS 根，被称为根域（root）。根域的下一层为顶级域，又称为一级域。其下层为二级域，再下层为二级域的子域，按照需要进行规划，可分为多级。在 DNS 中，域名空间结构采用分层结构，包含域名、顶级域、二级域和主机名称。在域名层次结构中，每一层称作一个域，每个域用一个点号“.”分开。在域名系统中，每台计算机的域名由一系列用点分开的字母数字段组成。主机 www 的全限定域名从最下层到最顶层的根域进行反写，表示为 www.abc.com。DNS 域名空间的分层结构如图 7-1 所示。

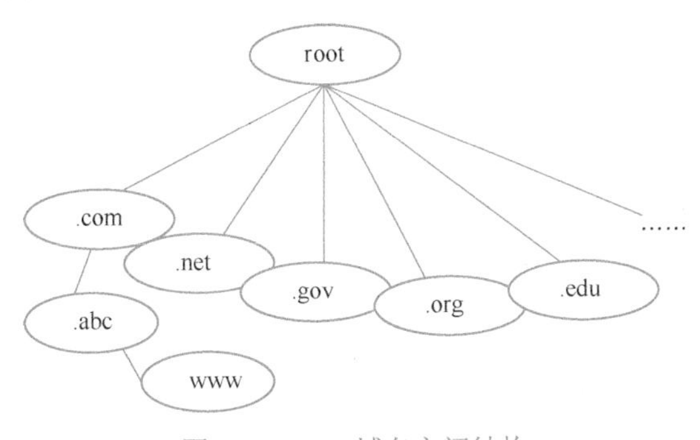

图 7-1　DNS 域名空间结构

7.1.4 熟悉客户端域名解析过程

在设置 IP 网络环境时，通常都要告诉每台主机关于 DNS 服务器的地址（可以手动在每一台主机上面设置，也可以使用 DHCP 来设置）。下面讲述 DNS 的解析过程。

以访问 www.abc.com 为例，DNS 的解析过程如图 7-2 所示。

1）客户机首先检查本地/etc/hosts 文件是否有对应的 IP 地址，若有，则直接访问 www.abc.com 站点；若无，则执行步骤 2）。

2）客户机检查本地缓存信息，若有，则直接访问 Web 站点；若无，则执行步骤 3）。

3）本地 DNS 检查缓存信息，若有，将 IP 地址返回给客户机，客户机可直接访问 Web 站点；若无，则执行步骤 4）。

4）本地 DNS 检查区域文件是否有对应的 IP 地址，若有，将 IP 地址返回给客户机，客户机可直接访问 Web 站点；若无，则执行步骤 5）。

5）本地 DNS 根据 cache.dns 文件中指定的根 DNS 服务器的 IP 地址，转向根 DNS 查询。

6）根 DNS 收到查询请求后，查看区域文件记录，若无，则将其管辖范围内.com 服务器的 IP 地址告诉本地 DNS 服务器。

7）.com 服务器收到查询请求后，查看区域文件记录，若无，则将其管辖范围内 abc 服务器的 IP 地址告诉本地 DNS 服务器。

8）abc.com 服务器收到查询请求后，分析需要解析的域名，若无，则查询失败，若有，返回 www.abc.com 的 IP 地址给本地服务器。

9）本地 DNS 服务器将 www.abc.com 的 IP 地址返回给客户机，客户机通过这个 IP 地址与 Web 站点建立连接。

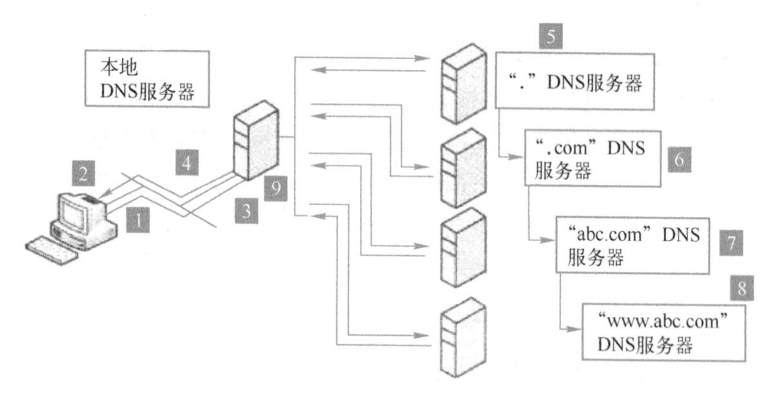

图 7-2 DNS 的解析过程

7.1.5 熟悉 DNS 常见资源记录

在管理域名的时候，需要用到 DNS 资源记录（Resource Record，RR）。DNS 资源记录是域名解析系统中基本的数据元素。每条记录都包含域名（Domain），存活期（Time To Live，TTL）、类别（class），以及一些跟类型相关的数据。在设定 DNS 域名解析、子域名管理、Email 服务器以及其他域名相关的管理时，需要使用不同类型的资源记录。资源记录的内容通常包括 5 项，基本格式如下：

```
Domain   TTL   Class   Record Type  Record Data
```

各项的含义如表 7-1 及表 7-2 所示。

表7-1 资源记录条目中各项含义

项目	含义
域名（Domain）	拥有该资源记录的DNS域名
存活期（TTL）	该记录的有效时间长度
类别（Class）	说明网络类型，目前大部分资源记录采用“IN”，表示Internet
记录类型（Record Type）	说明该资源记录的类型，常见资源记录类型如表7-2所示
记录数据（Record Data）	说明和该资源记录有关的信息，通常是解析结果，与数据格式和记录类型有关

表7-2 DNS资源记录类型

资源记录类型	说明
A	主机资源记录，建立域名到IP地址的映射
CNAME	别名资源记录，为其他资源记录指定名称的替补
SOA	起始授权机构
NS	名称服务器，指定授权的名称服务器
PTR	指针资源记录，用来实现反向查询，建立IP地址到域名的映射
MX	邮件交换记录，指定用来交换或者转发邮件信息的服务器
HINFO	主机信息记录，指明CPU与OS

任务7.2 安装DNS服务器

在Linux上搭建DNS服务器通常使用BIND软件来实现的。BIND（Berkeley Internet Name Domain）是一款实现DNS服务器的开放源码软件。BIND原本是美国DAR-PA资助伯克里大学（Berkeley）开设的一个研究生课题，后来经过多年的发展成为世界上使用最为广泛的DNS服务器软件。目前，Internet上绝大多数的DNS服务器都是用BIND软件来架设的。

7-5 安装DNS服务器

BIND软件经历了第4版、第8版和第9版，第9版修正了以前版本的许多错误，并提升了执行时的效能。Bind软件能够运行在当前大多数的操作系统平台之上。目前，Bind软件由Internet软件联合会（Internet Software Consortium，ISC）这个非营利性机构负责开发和维护。从ISC的官方网站（http: //www.isc.org/）可下载最新的错误修复和更新包。

在RHEL 7中，默认没有安装DNS服务器，系统也只会默认安装（bind-util; bind-libs; ypbind）软件包，没有DNS的主程序包。所以，如果要使用DNS服务器，需要安装DNS服务的BIND软件包。

具体操作命令如下。

```
[root@localhost ~]# rpm -q bind
```

若未安装，则采用以下命令安装BIND。

```
[root@localhost Packages]# rpm -ivh bind-9.9.4-37.el7.x86_64.rpm
```

此外，为了提高DNS服务的安全性，RHEL 7还提供了chroot软件包来更改其相关进程所能到的根目录，即将某进程限制在指定目录中，保证该进程只能对该目录及子目录的文件有所动作，从而保证整个服务器的安全性。

任务 7.3 认识 DNS 服务器的配置文件

配置 Internet 域名服务器时需要一组文件，表 7-3 列出了与域名服务器配置相关的文件。named 进程运行时首先从/etc/named.conf 文件获取其他配置文件的信息，然后才按照各区域文件的设置内容提供域名解析服务。

表 7-3 域名服务器相关文件

文件选项	文件名	说 明
主配置文件	/etc/named.conf	用于设置 DNS 服务器的全局参数，并指定区域文件名及其保存路径
区域声明文件	/etc/named.rfc1912.zones	DNS 服务器的区域配置文件
正向区域文件	由 named.conf 文件指定	用于实现区域内主机名到 IP 地址的正向解析
反向区域文件	由 named.conf 文件指定	用于实现区域内 IP 地址到主机名的反向解析

7.3.1 主配置文件

主配置文件是指/etc/named.conf 文件，该文件用于设置 DNS 服务器的全局参数，并指定区域文件名及其保存路径。安装 DNS 服务后，安装程序不会自动生成 /etc/named.conf 文件，用户需要自行创建或将/usr/share/doc/bind-9.9.4/sample/etc/named.conf 范本文件复制为 /etc/named.conf，然后再进行修改。下面对主要配置语句进行说明。

```
[root@localhost ~] # cat /etc/named.conf
......
options {
    listen-on port 53 {127.0.0.1; } ;      //指定 BIND 侦听的 DNS 查询请求的 IP 地
址及端口
    listen-on-v6 port 53 { : : 1; } ;      //对 IPv6 的地址进行设置
    directory  "/var/named";               //指定区域配置文件所在的路径
    dump-file  "/var/named/data/cache_dump.db";//定义服务器存放数据库的路径，也
就是备份文件位置
    statistics-file "/var/named/data/named_stats.txt";//定义服务器统计信息文
件的路径
    memstatistics-file  "/var/named/data/named_mem_stats.txt";//服务器输出
的内存使用统计文件的路径名
    allow-query { localhost ;} ;           //指定接收 DNS 查询请求的客户机
    recursion yes;
    dnssec-enable yes;
    dnssec-validation yes;                 //设置为 no 可以忽略 SELinux 影响
......
//以下用于指定 BIND 服务的日志参数
logging {
     channel default_debug {
          file "data/named.run";
          severity dynamic;
```

```
        };
};
//以下用于指定根服务器的配置信息
zone  "." IN {
    type hint;
    file "named.ca";
};
include "/etc/named.rfc1912.zones;  //指定区域声明文件
include "/etc/named.root/key";
```

注意：关于 named.conf 文件读者需要注意以下几点。

1）配置文件中的语句必须以分号结尾。

2）要用花括号将容器指令（如 options 中的配置语句）包含起来，括号内外都有“;”。

3）注释符号可以使用 C 语言中的符号对“/*”和“*/”、C++语言的“//”和 Shell 脚本的“#”。

容器指令 options 花括号内的语句都属于定义服务器的全局选项，options 语句在每个配置文件中只有一处。如果出现多个 options 语句，则第一个 options 语句的配置有效，并且会产生一个警告信息。如果没有 options 语句，每个选项都使用默认值。

7.3.2 区域声明文件

如果在/etc/named.conf 文件的后面有一句 include “/etc/named.rfc1912.zones”，就可以通过主配置文件转到区域声明文件了。下面对区域声明文件的主要配置语句进行说明。

7-7 区域声明文件

```
[root@localhost ~] # cat /etc/named.rfc1912.zones
zone "localhost.localdomain" IN {    //正向区域声明
type master;                         //主要区域类型
file "named.localhost";              //指向正向查询区域配置文件
allow-update { none; };
};
......
zone "1.0.0.127.in-addr.arpa" IN {   //反向区域声明
type master;                         //主要区域类型
file "named.loopback";               //指向反向查询区域配置文件
allow-update{ none; };
};
......
```

zone 区域声明文件的格式如下。

```
zone zone_name_string {                //定义区域的名称
  type  master|slave|hint|forward;     //定义区域的类型
    file  domain_resolver_filename;    //指定正向或反向域名解析文件的文件名及路径
    allow-update { none; };            //配置允许指定的客户机动态更新域名解析
};
```

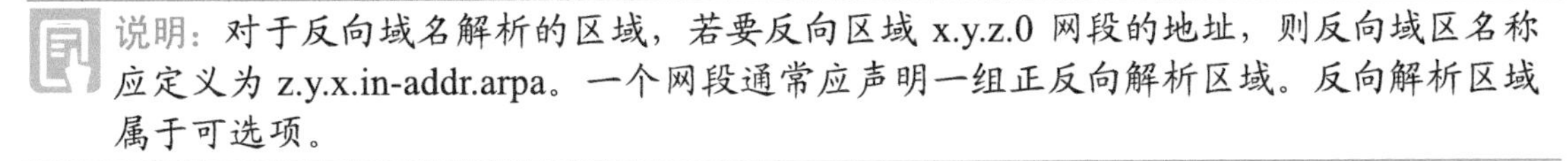

说明：对于反向域名解析的区域，若要反向区域 x.y.z.0 网段的地址，则反向域区名称应定义为 z.y.x.in-addr.arpa。一个网段通常应声明一组正反向解析区域。反向解析区域属于可选项。

7.3.3 正向区域文件

下面以 named.localhost 文件为例，对主要配置语句进行说明。

```
[root@localhost ~] # cat /var/named/named.localhost
$TTL 1D          //设置域的默认生存时间
@        IN   SOA @    rname.  Invalid. (        //以下对 SOA 资源记录进行说明
                                 0 ; serial   //该区域文件的版本号或序列号
                                 1D ; refresh //更新的时间周期
                                 1H ; retry   //更新出现通信故障时的重试时间
                                 1W ; expire //代表重新执行更新动作后仍然无法完
成更新任务而终止更新的时间
                                 3H); minimum     //设置记录的缓存时间
          NS   @            //对 NS 资源记录进行说明，用于指定权威的名称服务器
          A    127.0.0.1    //对 A 资源记录进行说明，用于指定一个名称所对应的 IP 地址
          AAAA     ::1      //针对 IPv6 地址进行说明
```

7.3.4 反向区域文件

下面以 named.loopback 文件为例，对主要配置语句进行说明。

```
[root@localhost ~] # cat /var/named/named.loopback
$TTL 1D          //设置域的默认生存时间
@        IN   SOA @    rname.  Invalid. (           //以下对 SOA 资源记录进行说明
                                 0 ; serial        //该区域文件的版本号或序列号
                                 1D ; refresh      //更新的时间周期
                                 1H ; retry        //更新出现通信故障时的重试时间
                                 1W ; expire       //代表重新执行更新动作后仍然
无法完成更新任务而终止更新的时间
                                 3H); minimum      //设置记录的缓存时间
          NS   @         //对 NS 资源记录进行说明，用于指定权威的名称服务器
          A    127.0.0.1         //对 A 资源记录进行说明，用于指定一个名称所对应的 IP 地址
          AAAA     ::1           //针对 IPv6 地址进行说明
          PTR      localhost.    //对 PTR 资源记录进行说明
```

7.3.5 管理 DNS 服务器

在 Linux 操作系统下，在配置好 DNS 服务器后，为了让配置文件生效，应该将该服务进行重新启动。可以通过 systemctl 命令来实现 DNS 服务的基本管理，具体用法如下。

1）启动 named 服务器：systemctl start named。

2）重启 named 服务器：systemctl restart named。

3）查询 named 服务器状态：systemctl status named。

4）停止 named 服务器：systemctl stop named。

任务 7.4 配置主 DNS 服务器

案例描述：现要为某企业网配置一台 DNS 服务器，该服务器的 IP 地址为 192.168.48.13，

DNS 服务器的域名为 dns.abc.com。WWW 服务器的 IP 地址为 192.168.48.2，WWW 服务器会有大量的访问请求，所以为 WWW 服务器做负载均衡，它也解析为 192.168.48.3，具体对应关系如表 7-4。要求为表 7-4 中的域名提供正反向解析服务。

表 7-4　域名与 IP 地址的对应关系

域名	IP 地址
www.abc.com	192.168.48.2；192.168.48.3
mail.abc.com	192.168.48.4
ftp.abc.com	192.168.48.5
dns.abc.com	192.168.48.13

配置过程包括配置主配置文件、配置区域声明文件、配置正反向解析文件。具体的配置过程如下。

1）配置 DNS 服务器网卡的 IP 地址为 192.168.48.13。

2）配置/etc/named.conf 文件。注意将 options 选项中侦听的 IP 地址修改为 any，将允许查询网段 allow-query 后面的内容修改为 any，在 include 语句中指定区域声明文件，修改后的语句如下。

```
[root@localhost ~] # vim /etc/named.conf
…
options {
    listen-on port 53 {  any;  } ;
    …
    allow-query {  any ; } ;
    …
include "/etc/named.rfc1912.zones;
…
```

3）配置区域声明文件/etc/named.rfc1912.zones。在该文件中添加如下配置语句。

```
[root@localhost ~] # vim /etc/named.rfc1912.zones
zone "abc.com"  IN {
type master;
file "abc.com.zone";
allow-update { none; };
};
…
zone "48.168.192.in-addr.arpa"  IN {
type master;
file "192.168.48.zone";
allow-update{ none; };
};
```

4）配置正向区域文件。进入区域文件配置目录/var/named，可以通过将 named.localhost 文件复制给 abc.com.zone，再对该正向区域文件进行修改。

```
[root@localhost ~] # cd /var/named
[root@localhost  named] # cp -p named.localhost abc.com.zone
[root@localhost  named] # vim abc.com.zone
$TTL 1D
@        IN   SOA abc.com.         root.abc.com. (
```

```
                                        0 ; serial
                                        1D ; refresh
                                        1H ; retry
                                        1W ; expire
                                        3H); minimum
        IN      NS          dns.abc.com.
        IN      MX 10       mail.abc.com.
dns     IN      A    192.168.48.13
mail    IN      A    192.168.48.4
ftp     IN      A    192.168.48.5
www     IN      A    192.168.48.2
www     IN      A    192.168.48.3
```

5）配置反向区域文件。进入区域文件配置目录/var/named，可以通过将 named.loopback 文件复制给 192.168.48.zone，再对该反向区域文件进行修改。

```
[root@localhost ~] # cd /var/named
[root@localhost  named] # cp -p named.loopback 192.168.48.zone
[root@localhost  named] # vim 192.168.48.zone
$TTL 1D
@       IN   SOA abc.com.        root.abc.com. (
                                        0 ; serial
                                        1D ; refresh
                                        1H ; retry
                                        1W ; expire
                                        3H); minimum
        IN      NS          dns.abc.com.
        IN      MX 10       mail.abc.com.
13      IN      PTR     dns.abc.com.
4       IN      PTR     mail.abc.com.
5       IN      PTR     ftp.abc.com.
3       IN      PTR     www.abc.com.
2       IN      PTR     www.abc.com.
```

6）重新启动 DNS 服务。

```
[root@localhost ~] #systemctl restart named
```

7）配置 DNS 客户端。

具体方法请参照任务 7.6 节。

8）使用 ping 或 nslookup 等命令，检查域名解析是否生效。具体方法请参照任务 7.7。

任务 7.5 配置辅助 DNS 服务器

7-11 配置辅助 DNS 服务器

辅助 DNS 服务器主要用于对主 DNS 服务器进行备份，以便在主 DNS 服务器出现故障不能正常访问时起到冗余的作用。辅助 DNS 服务器定期与主 DNS 服务器通信，以保持本机数据的更新。辅助 DNS 服务器的备份功能是借助从主 DNS 服务器复制最新区域数据文件副本到本地的方法实现的。其数据只是一份副本，所以辅助 DNS 服务器中的数据无法被修改。

辅助 DNS 服务器的配置比较简单，只需要修改主 DNS 服务器的区域声明文件，辅助 DNS 服务器的区域解析文件是从主 DNS 服务器上继承的，因此不必再设置。用户可以从 sample 目录复制模板进行配置，当然，最简单的方法就是直接从主 DNS 服务器去复制再稍微进行修改。当启动辅助 DNS 服务器时，它会和与它建立联系的所有主要 DNS 服务器建立联系，并从中复制数据，在辅助 DNS 服务器工作时，还会定期地更改原有的数据，以尽可能保证副本与正本数据的一致性。

下面就设置一个辅助 DNS 服务器，因为辅助 DNS 服务器要从主 DNS 服务器上下载数据，所以两者之间一定要可以通信，这里设置为一个局域网，其 IP 地址为 192.168.48.12。具体步骤如下。

1）设置辅助服务器的 IP 地址为 192.168.48.12。

2）在主 DNS 服务器的区域配置文件中允许将区域数据传输到辅助 DNS 服务器，即修改 allow-update 的信息，然后重新启动主 DNS 服务器，如图 7-3 所示。

```
root@localhost:~
文件(F) 编辑(E) 查看(V) 搜索(S) 终端(T) 帮助(H)
zone "abc.com" IN {
        type master;
        file "abc.com.zone";
        allow-update { 192.168.48.12; };
};
zone "48.168.192.in-addr.arpa" IN {
        type master;
        file "192.168.48.zone";
        allow-update { 192.168.48.12; };
};
```

图 7-3　开启区域数据传输

3）在辅助域名服务器的区域配置文件中填写主 DNS 服务器的 IP 地址，修改区域类型等信息，然后重新启动辅助 DNS 服务器，具体如图 7-4 所示。

```
root@localhost:~
文件(F) 编辑(E) 查看(V) 搜索(S) 终端(T) 帮助(H)
zone "abc.com" IN {
        type slave;
        masters {192.168.48.13;};
        file "slaves/abc.com.zone";
};
zone "48.168.192.in-addr.arpa" IN {
        type slave;
        masters {192.168.48.13;};
        file "slaves/192.168.48.zone";
};
```

图 7-4　辅助区域声明

4）在主 DNS 服务器端利用 systemctl stop firewalld 命令关闭防火墙。

5）检验解析结果。

当辅助 DNS 服务器重新启动后，一般情况就能够从主 DNS 服务器上同步配置文件了，最后可以使用 nslookup 命令查看解析结果即可。

任务 7.6 配置 DNS 客户机

在 Windows 下配置 DNS 客户机的方法很简单，而且在各种 Windows 版本中的设置方法也基本相同，只需要在网卡设置中输入 DNS 服务器的 IP 地址，在此不再赘述。

文件/etc/resolv.conf 主要是用来指定 DNS 查询要找的服务器的 IP 地址，即配置本机使用哪台 DNS 服务器来完成域名解析工作，如图 7-5 所示。

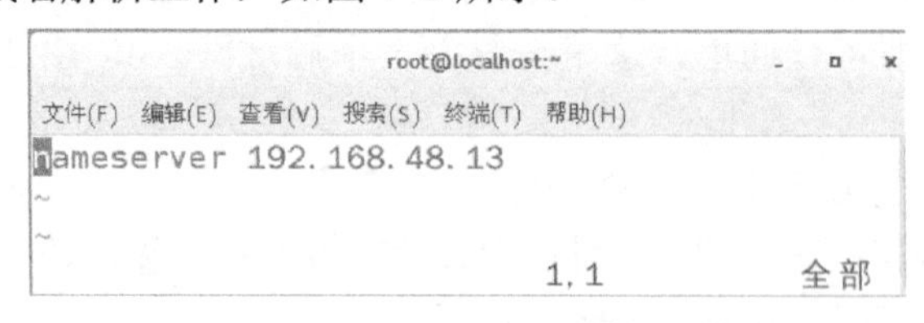

图 7-5 设置 DNS 服务器

在配置 DNS 服务器的时候，如果要在本机上验证 DNS 服务器的配置是否成功，应该把本机的 IP 地址设为首选 DNS 服务器的 IP 地址，即第一个 nameserver 后面的 IP 地址，就是本机既做服务器也做客户机，同样可以实现验证。使用 nameserver 选项来指定多达三台 DNS 服务器。客户机是按照 DNS 服务器在文件中的顺序进行查询的，如果没有接收到 DNS 服务器的响应，就去尝试查询下一台服务器，直到试完所有的服务器为止。所以应该将速度最快、最可靠的 DNS 服务器列在最前面，以保证查询不会超时。

任务 7.7 测试 DNS 服务器

完成 DNS 服务器的配置后，应该对其进行测试。测试 DNS 服务器的命令有很多，主要有 nslookup，ping，host，dig 等命令。比较常用的命令是 nslookup，这里采用 nslookup 命令进行测试。nslookup 命令是 DNS 服务的主要诊断工具，它提供了执行 DNS 服务器查询测试并获取详细信息的功能。使用 nslookup 命令可以诊断和解决名称解析问题，检查资源记录是否在区域中正确添加或更新，以及排除其他服务器相关问题。

7-13
测试 DNS 服务器

下面使用 nslookup 命令来测试配置的 DNS 服务器。

1. 测试 A 资源记录

进入 nslookup 程序后，默认的查询类型是主机地址，在 nslookup 程序提示符“>”下直接输入要测试的全限定域名（FQDN），nslookup 程序会显示当前 DNS 服务器的名称和 IP 地址，然后返回全限定域名对应的 IP 地址，如图 7-6 所示。

```
root@localhost:~
文件(F) 编辑(E) 查看(V) 搜索(S) 终端(T) 帮助(H)
[root@localhost ~]# nslookup
> www.abc.com
Server:         192.168.48.13
Address:        192.168.48.13#53

Name:   www.abc.com
Address: 192.168.48.2
```

图 7-6 测试 A 资源记录

如果能出现如图7-6所示的结果，就说明主机地址测试成功，说明DNS服务器主配置文件是正确的，同时也能说明正向解析文件是正确的。如果无法正常解析，则可能有两种原因：一是DNS服务器没有启动，二是DNS服务器的IP地址没有设置好。

2. 测试PTR资源记录

测试反向解析和测试正向解析差不多，只要在nslookup程序提示符“>”下直接输入要测试的IP地址，如果主配置文件和反向解析文件都没有错误，则nslookup程序会返回IP地址所对应的全限定域名，如图7-7所示。

```
root@localhost:~
文件(F) 编辑(E) 查看(V) 搜索(S) 终端(T) 帮助(H)
[root@localhost ~]# nslookup
> 192.168.48.13
Server:         192.168.48.13
Address:        192.168.48.13#53

13.48.168.192.in-addr.arpa      name = dns.abc.com.
>
```

图7-7 测试PTR资源记录

3. 测试MX资源记录

由于电子邮件地址中的邮件服务器域名通常代表一个DNS域，而不是一台主机，如name@sina.com中的sina.com，因此，需要在DNS服务器中设置邮件交换器，将电子邮件地址中的域名转换成相应的邮件服务器的IP地址。MX RR为处理域的邮件的计算机显示DNS域名。如果存在多个MX RR，则DNS客户服务会尝试按照从最低值（最高优先级）到最高值（最低优先级）的优先级顺序与邮件服务器联系。

在nslookup程序提示符“>”下，先使用命令set type =MX设置查询的类型为邮件交换器，然后输入要测试的域名，nslookup程序会返回对应的邮件交换器地址，如图7-8所示。

```
root@localhost:~
文件(F) 编辑(E) 查看(V) 搜索(S) 终端(T) 帮助(H)
[root@localhost ~]# nslookup
> set type=mx
> abc.com
Server:         192.168.48.13
Address:        192.168.48.13#53

abc.com mail exchanger = 10 mail.abc.com.
>
```

图7-8 测试MX资源记录

4. 测试负载均衡

最早的负载均衡技术就是通过DNS来实现的，在DNS中为多个地址配置同一个名字，因而查询这个名字的客户机将得到其中一个地址，从而使得不同的客户访问不同的服务器，达到负载均衡的目的。DNS负载均衡是一种简单而有效的方法，但是它不能区分服务器的差异，也不能反映服务器的当前运行状态，这是DNS负载均衡的一个缺点。

在测试DNS负载均衡前，先在正向解析文件/var/named/abc.com.zone中加入负载均衡设置。测试负载均衡需要使用的查询类型为主机地址。如果当前查询类型不是主机地址，就应该在nslookup程序提示符下先使用命令set type=a设置查询的类型为主机地址，然后输入要测试的负载均衡全限定域名 nslookup 程序会返回对应的所有的 IP 地址，如图 7-9 所示。

```
root@localhost:~
文件(F) 编辑(E) 查看(V) 搜索(S) 终端(T) 帮助(H)
[root@localhost ~]# nslookup
> www.abc.com
Server:         192.168.48.13
Address:        192.168.48.13#53

Name:    www.abc.com
Address:  192.168.48.3
Name:    www.abc.com
Address:  192.168.48.2
>
```

图 7-9 测试负载均衡

项目小结

本项目结合企业的 DNS 服务器的搭建需求，详细地讲述了 DNS 服务器和 DNS 客户机的配置过程。通过本项目的学习，学生掌握了 DNS 的搭建过程，也了解了域名解析的相关知识。

实训练习

1. 实训目的

掌握命令模式 DNS 服务的安装和配置方法，掌握命令模式下辅助 DNS 服务器的配置方法。

2. 实训内容

1）安装 DNS 服务。

2）配置 DNS 服务器。

3）配置 DNS 客户机。

3. 实训步骤

1）安装 DNS 服务。通过安装 DNS 服务器软件包安装两台 DNS 服务器，主 DNS 服务器域名注册为 linux.abc.com，网段地址为 192.168.66.8，辅助 DNS 服务器 IP 地址为 192.168.66.9。

2）根据需求修改主配置文件，设置正向解析和反向解析。

3）配置 DNS 客户机。

4）使用 nslookup 或 ping 命令检查 DNS 服务器是否正常工作。

课后习题

一、选择题

1. 域名服务中，哪种 DNS 服务器是必需的？（ ）

A. 主DNS服务器 B. 辅助DNS服务器

C. 缓存DNS服务器 D. 都必需

2. 一台主机的域名是www.abc.com，对应的IP地址是192.168.1.23，那么此域的反向解析域的名称是什么？（ ）

A. 192.168.1.in-addr.arpa B. 23.1.168.192

C. 1.168.192.in-addr.arpa D. 23.1.168.192.in-addr.arpa

3. 在Linux下DNS服务器的主配置文件是以下哪个？（ ）

A. /etc/named.conf B. /etc/chroot/named.conf

C. /var/named/chroot/etc/name.conf D. /var/chroot/etc/named.conf

4. 在DNS配置文件中，用于表示某主机别名的是以下哪个关键字？（ ）

A. CN B. NS C. NAME D. CNAME

5. 配置DNS服务器的反向解析时，设置SOA和NS资源记录后，还需要添加何种记录？（ ）

A. SOA B. CNAME C. A D. PTR

6. 在Linux环境下，能实现域名解析的功能软件模块是（ ）

A. Telnet B. Apache C. Bind D. Squid

7. DNS域名系统主要负责主机名和（ ）之间的解析。

A. IP地址 B. MAC地址 C. 网络地址 D. 主机别名

8. 下列哪条命令可以启动DNS服务？（ ）

A. systemctl named restart B. systemctl restart named

C. service named start D. service name start

9. 指定域名服务器位置的文件是（ ）。

A. /etc/hosts B. /etc/networks

C. /etc/resolv.conf D. /etc/named.conf

10. 关于DNS服务器，叙述正确的是哪项？（ ）

A. DNS服务器配置不需要配置客户机

B. 建立某个分区的DNS服务器时只需要建立一个主DNS服务器

C. 主DNS服务器需要启动named进程，而辅助DNS服务器不需要

D. DNS服务器的root.cache文件包含了根名字服务器的有关信息

二、简答题

1. 概述DNS的查询模式。

2. 简述客户机域名搜索过程。

项目 8　搭建 FTP 服务器

项目学习目标

- 了解 FTP 服务的运行机制
- 掌握 FTP 服务的安装
- 掌握 FTP 服务器的配置
- 熟悉 FTP 服务器的管理

案例情境

当网络管理员在外地出差，但是 Web 服务器出现故障或需要维护时，这时通过 FTP 进行数据处理是一种比较好的方式。

项目需求

在企业日常管理中，可能会遇到如下的问题：①进行 Web 服务器的数据更新。②经常需要共享软件或文件资料等信息。③需要在不同的操作系统之间传输数据。④文件过大无法通过邮箱等工具传递。FTP 服务器的搭建就能解决上述问题。

实施方案

面对上述问题，该企业迫切需要建立能够实现进行上传或下载的服务。FTP 服务器能解决这些问题，它能够方便用户快速地访问各种所需资源。具体可以按照以下步骤实现。

1）建立 FTP 主目录。

2）将 FTP 服务器安装在 Web 服务器或文件服务器上，用来对 Web 服务器或文件服务器进行数据维护。

3）根据客户需求，搭建 FTP 站点。

任务 8.1　认识 FTP 服务

FTP 服务器是指使用 FTP（File Transfer Protocol，文件传输协议）实现在不同计算机之间进行文件传输的服务器，它通常提供分布式的信息资源共享，例如上传、下载或实现软件更新等。

8-1
认识 FTP 服务

8.1.1　了解 FTP 服务器

自从有了互联网以后，人们通过网络来传输文件是一件很平常、很重要的工作。FTP 是因特网上最早应用于主机之间进行文件传输的标准之一。FTP 工作在 OSI 参考模型的应用层，它利用 TCP（Transmission Control Protocol，传输控制协议）在不同的主机之间提供可靠的数据传输。由于 TCP 是一种面向连接的、可靠的传输控制协议，因此它的可靠性就保证了 FTP 文件传输的可靠性。FTP 还具有一个特点，即支持断点续传功能，这样可以大大地减少网络带宽的开销。此外，FTP 还有一个非常重要的特点，即可以独立于平台，因此在 Windows、Linux 等各种常用的网络操作系统中都可以实现 FTP 的服务器和客户端。

一般有两种 FTP 服务器。一种是授权 FTP 服务器，这种 FTP 服务器一般需要用户输入正确的用户账号和密码才能访问。另一种是匿名 FTP 服务器，这种 FTP 服务器一般不需要输入用户账号和密码就能访问目标站点。

8.1.2 了解 FTP 服务的运行机制

FTP 通过 TCP 传输数据，TCP 保证客户机与服务器之间数据的可靠传输。FTP 采用客户机/服务器模式，用户通过一个支持 FTP 的客户机程序，连接到远程主机上的 FTP 服务器程序。通过客户机程序向服务器程序发出命令，服务器程序执行用户所发出的命令，并将执行结果返回给客户机。

客户机与服务器之间通常建立两个 TCP 连接，一个被称作控制连接，另一个被称作数据连接。如图 8-1 所示，控制连接主要用来传送在实际通信过程中需要执行的 FTP 命令以及命令的响应。控制连接是在执行 FTP 命令时，由客户机发起的通往 FTP 服务器的连接。控制连接并不传输数据，只用来传输控制数据传输的 FTP 命令集及其响应。数据连接用来传输用户的数据。在客户机要求进行上传和下载等操作时，客户机和服务器将建立一条数据连接。在数据连接存在的时间内，控制连接同时存在，但是控制连接断开，数据连接会自动关闭。

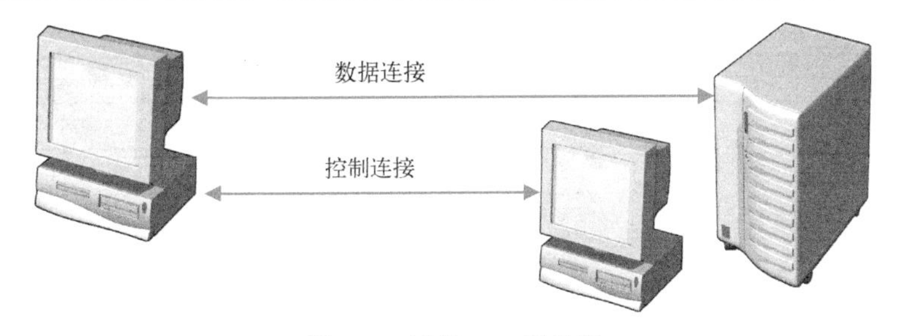

图 8-1 连接 FTP 服务器

当客户机启动 FTP 客户机程序时，首先与 FTP 服务器建立连接，然后向 FTP 服务器发出传输命令，FTP 服务器在收到客户机发来的命令后给予响应。这时激活服务器的控制连接，控制连接与客户机进行通信。如果客户机用户未注册并获得 FTP 服务器授权，也就不能使用正确的用户名和密码，即不能访问 FTP 服务器进行文件传输。如果服务器为匿名 FTP 服务器，就可以让用户在不需要输入用户名和密码的情况下直接访问 FTP 服务器了。

使用 FTP 传输文件时，用户需要输入 FTP 服务器的域名或 IP 地址。如果 FTP 服务器没有使用默认端口，则还需要输入端口号。当连接到 FTP 服务器后，提示输入用户名和密码，则说明该 FTP 服务器没有提供匿名登录。否则，用户可以通过匿名登录直接访问该 FTP 服务器。

8.1.3 了解 FTP 的数据传输方式

FTP 的数据传输方式有两种：ASCII 方式和二进制方式。ASCII 方式又称文本方式。当客户机连接 FTP 服务器时，可以指定使用哪种传输方式。由于二进制方式的传输效率较高，为提高效率，服务器通常会禁用 ASCII 方式，这样即使客户机选用 ASCII 方式，数据传输仍然使用二进制方式。

8.1.4 熟悉访问 FTP 的方式

用户可以通过匿名 FTP 和用户 FTP 的方式访问 FTP 服务器。作为 FTP 使用的账户，为了增强安全性，其 shell 应设置为/sbin/nologin，使该账户只能用来登录 FTP，而不能用来登录 Linux 操作系统。匿名 FTP 允许任何用户访问 FTP 服务器。匿名登录的 FTP 用户账户通常是 anonymous 或 ftp，一般不需要密码，有的则是以电子邮件地址作为密码。其登录主目录为/var/ftp，一般情况下，匿名用户只能下载，不能上传。匿名用户的权限很小，只能进行有限的操作。常用的 FTP 服务器通常只允许匿名访问。

用户 FTP 为已在 FTP 服务器上建立了特定账号的用户使用，必须以用户名和密码来登录。其登录目录为用户的宿主目录，本地用户既可以下载又可以上传文件。此种方式存在着一定的安全隐患，当用户与 FTP 服务器连接时，密码通常是以明文的方式进行传递的，这样使用系统的任何人都可以使用相应的程序获取该用户的账户和密码。

8.1.5 熟悉 FTP 客户机与服务器程序

在 Linux 和 Windows 操作系统下，都可以进行 FTP 服务器的配置。在不同的操作系统下可以选择使用不同的软件实现对 FTP 服务器的配置，具体如表 8-1 所示。

表 8-1　FTP 客户机与服务器程序

	Linux 环境	Windows 环境
FTP 服务器程序	vsftpd	IIS
	ProFTPD	Serv-U
	WU-FTPD	
FTP 客户机程序	FTP 命令行工具	FTP 命令行工具
	gFTP	CuteFTP Pro
	浏览器 Mozilla	浏览器 IE

1．vsftpd

vsftpd 是一款源代码开放的软件，“VS”是 Very Secure 的缩写，即“非常安全”的含义。vsftpd 是 RHEL 7 内置的 FTP 服务器软件。它还具有许多其他的优势和功能。

- 匿名 FTP 的设置简单性。
- 支持虚拟用户。
- 支持基于 IP 的 FTP 虚拟服务器。
- 支持 PAM 的认证方式。
- 支持带宽和单个用户连接数量的限制。

2．WU-FTPD

WU-FTPD（Washington University FTPD）是曾经在 Internet 上非常流行的一款 FTP 服务器

软件。它的功能十分强大，WU-FTPD 提供的菜单可以帮助用户轻松地实现对 FTP 服务器的配置，但是该程序安全性较差。

3．ProFTPD

ProFTPD（Professional FTP Daemon）是其开发者针对 WU-FTPD 的不足进行开发的一款 FTP 软件，在安全性方面有了很大的改进。它能以独立模式和 xinted 模式运行。ProFTPD 容易配置，运行速度较快，是一款非常好用的 FTP 软件。

8-2
安装 FTP 服务

任务 8.2　安装 FTP 服务

8.2.1　安装 FTP 服务器

在安装 FTP 服务器前，应该给 FTP 服务器指定静态的 IP 地址、子网掩码等 TCP/IP 参数。

为了更好地为客户机提供服务，FTP 服务器还应拥有一个友好的 DNS 名称，以便 FTP 客户机能够通过该 DNS 名称访问 FTP 服务器。

默认情况下，RHEL 7 不安装 vsftpd 服务。可以先通过以下的命令检查当前系统是否已经安装该软件包，具体操作命令如下。

```
[root@localhost ~]# rpm -q vsftpd
```

若未安装，可以采用以下命令进行安装。

```
[root@localhost Packages]# rpm -ivh vsftpd-3.0.2-21.el7.x86_64.rpm
```

8.2.2　查询 vsftpd 软件包的安装位置

在安装完 FTP 服务器后，可以通过以下命令查看软件包的安装位置，具体操作如下。

```
 [root@ localhost Packages]# rpm -pql vsftpd-3.0.2-21.el7.x86_64.rpm
/etc/logrotate.d/vsftpd.log    #日志文件
/etc/vsftpd                    #vsftpd 相关配置文件的存放目录
/etc/vsftpd/ftpusers           #用户访问控制配置文件
/etc/vsftpd/user_list
/etc/vsftpd/vsftpd.conf        #vsftpd 的主配置文件
….
/var/ftp                       #FTP 站点的根目录
/var/ftp/pub                   #FTP 根目录下的一个子目录
```

任务 8.3　通过客户机访问 FTP 服务器

FTP 服务器搭建完成后，可以通过多种方式访问 FTP 服务器，可以通过命令行工具进行访问，也可以通过 Web 浏览器或客户机程序的方式进行访问。

8.3.1 通过 Web 浏览器访问 FTP 服务器

在浏览器中，利用“ftp://用户名:用户密码@IP 地址或域名”或者“ftp://用户名@IP 地址或域名”两种方式访问 FTP 服务器。例如，通过浏览器连接 FTP 服务器 192.168.1.1，如果 URL 地址中不含密码，系统将会弹出“需要密码”对话框，提示用户输入相应的密码，如图 8-2 所示。如果 FTP 服务器禁止匿名访问，系统也会弹出该对话框，提示用户输入用户名和密码。登录成功后的界面如图 8-3 所示。

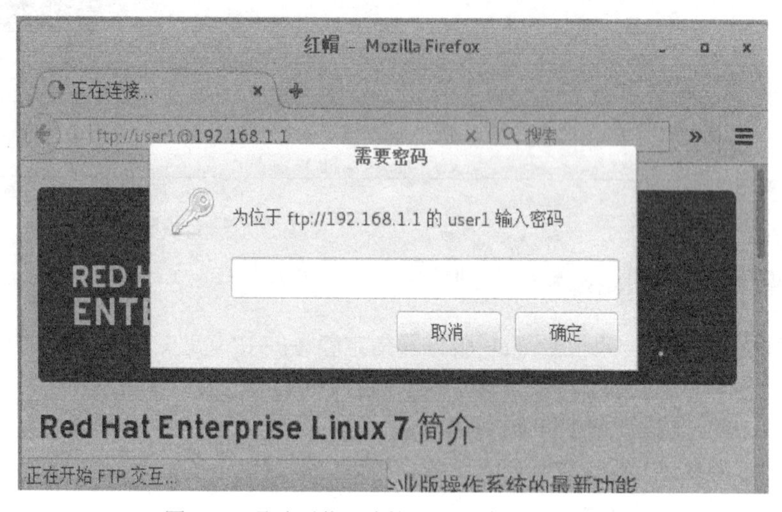

图 8-2　通过浏览器连接 FTP 服务器登录界面

图 8-3　通过浏览器连接 FTP 服务器登录成功界面

8.3.2 通过 FTP 客户机程序访问 FTP 服务器

目前，有许多专门的 FTP 客户机程序。在 Windows 平台中，可以使用 CuteFTP 等软件；在 Linux 下，可以使用 gFTP 工具等。

gFTP 是一个多线程的 FTP 客户机程序，用 GTK+编写。它支持多个线程同时下载，支持断点续传，支持 FTP、HTTP 和 SSH 协

议，支持 FTP 和 HTTP 代理，可以下载整个目录，支持文件队列，支持缓存，支持拖动操作，有一个很好的下载连接管理器，具体界面如图 8-4 所示。

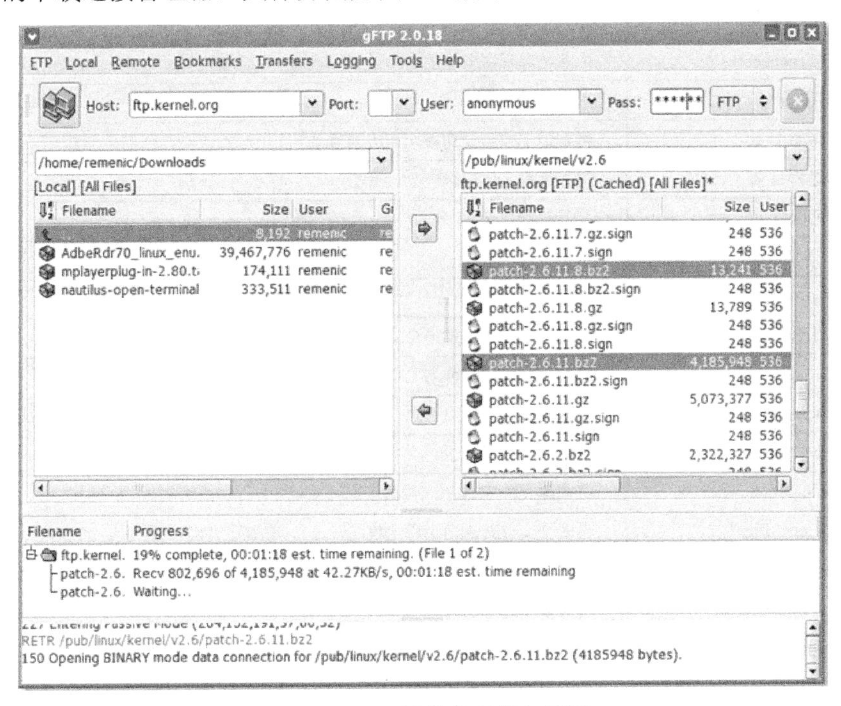

图 8-4　gFTP 连接管理器主界面

8.3.3　通过命令行工具访问 FTP 服务器

命令行工具是连接 FTP 服务器最简单、最直接的方式。大多数操作系统都带有 ftp 命令行工具，使用该工具连接到 FTP 服务器后，可以通过一系列的命令实现文件的传输操作。

注意：在 RHEL 7 中，需要安装 ftp-0.17-67.el7.x86_64.rpm 软件包后才能使用 ftp 命令访问服务器。图 8-5 为匿名用户使用命令行工具登录 FTP 服务器的界面。

```
[root@www ~]# rpm -ivh ftp-0.17-67.el7.x86_64.rpm
警告：ftp-0.17-67.el7.x86_64.rpm: 头V3 RSA/SHA256 Signature, 密钥 ID fd431d51: NOKEY
准备中...                          ################################# [100%]
正在升级/安装...
   1:ftp-0.17-67.el7                 ################################# [100%]
[root@www ~]# ftp 192.168.1.1
Connected to 192.168.1.1 (192.168.1.1).
220 (vsFTPd 3.0.2)
Name (192.168.1.1:root): ftp
331 Please specify the password.
Password:
230 Login successful.
Remote system type is UNIX.
Using binary mode to transfer files.
ftp>
```

图 8-5　匿名用户使用命令行工具连接 FTP 服务器

不同版本系统的 FTP 命令也不相同，不过差异不大。下面列出常用的连接 FTP 的命令，具体如表 8-2 所示。

表 8-2 FTP 客户机连接命令

命令	说明
open host[port]	建立指定 FTP 服务器连接，可指定连接端口
close/disconnect	中断与远程服务器的 FTP 会话（与 open 对应）
bye/quit/exit	退出 FTP 会话
lcd 本地目录	将本地工作目录切换至相应的目录
cd 远程目录	进入远程主机目录
ls 远程目录	显示远程目录
!ls 本地目录	显示本地目录
delete remote-file	删除远程主机文件
mdelete [remote-file]	删除远程主机上的多个文件
rename	更改远程主机文件名
mkdir dir-name	在远程主机上建立目录
rmdir dir-name	删除远程主机目录
put local-file [remote-file]	将本地文件 local-file 传送至远程主机
mput local-file	将多个文件传送至远程主机
get remote-file [local-file]	将远程主机的文件 remote-file 传至本地的 local-file
mget remote-files	传送多个远程文件
pwd	检查当前在 FTP 服务器中的位置
!pwd	检查当前在本地的位置

任务 8.4 配置 vsftpd 服务器

系统只要正确地安装了 vsftpd 软件包，无须配置就可以启动 vsftpd 服务。但是，若要配置一个功能完善、符合企业需求的 FTP 服务器，还需要对 vsftpd 服务器进行定制，通过添加或修改部分配置语句，来实现对 FTP 服务器的整体配置。

8.4.1 了解 vsftpd 主配置文件

8-5 了解 vsftpd 主配置文件

vsftpd 的配置文件存放在/etc/vsftpd 目录中，有 ftpusers、user_list 和 vsftpd.conf 三个配置文件。对 vsftpd 服务器的配置，通过 vsftpd.conf 主配置文件来实现。ftpusers 和 user_list 属于可选的辅助配置文件。ftpusers 用于定义不允许登录 FTP 服务器的用户列表。user_list 用于定义允许或不允许登录 FTP 服务器的用户列表，是允许还是不允许由 userlist_deny 配置项进一步设置。

/etc/vsftpd/vsftpd.conf 是一个文本文件，可以通过任意的文本编辑器进行编辑，每行一个注释或指令，注释行以#开头，格式为：选项=选项值。

注意：每条配置命令的“=”两边都不要留有空格。

vsftpd 提供的配置命令较多，默认配置文件只列出了最基本的配置命令，很多配置命令在配置文件中并未列出来。下面就分别介绍主配置文件中的部分语句。

1. 登录和对匿名用户的设置

- anonymous_enable=YES 设置允许匿名用户登录 FTP 服务器。
- no_anon_password=YES 设置匿名用户登录时询问密码。设置为 YES，则不询问。
- anon_word_readable_only=YES 设置允许匿名用户下载可阅读的文档，默认为 YES。
- anon_upload_enable=YES 设置允许匿名用户上传文件。只有在 write_enable 设置为 YES 时，该配置项才有效。
- anon_mkdir_write_enable=YES 设置允许匿名用户创建目录。只有在 write_enable 设置为 YES 时，该配置项有效。
- anon_other_write_enable=NO 设置匿名用户不拥有删除和修改权限，默认为 NO。
- local_enable=YES 设置允许/etc/passwd 中的系统账户登录 FTP 服务器。
- write_enable=YES 设置登录用户具有写权限。

2. 设置用户登录后所在的目录

- local_root=/var/ftp 设置本地用户登录后所在的目录。默认的配置文件中没有设置该项，用户登录 FTP 服务器后，所在的目录为该用户的主目录，对于 root 用户，则为/root 目录。
- anon_root=/var/ftp 设置匿名用户登录后所在的目录。若未指定，则默认为/var/ftp 目录。

3. 设置欢迎信息

- ftpd_banner 设置用户成功登录 FTP 服务器后，服务器输出的欢迎信息。
- banner_file=/etc/vsftpd/banner 设置用户登录时，显示指定文件中的欢迎信息。该设置项将覆盖 ftpd_banner 的设置。
- dirmessage_enable=YES 设置显示目录消息。若设置为 YES，则当用户进入目录时，将显示该目录中由 message_file 配置项指定的文件（.message）中的内容。
- message_file=.message 设置目录消息文件。可将要显示的信息存入该文件。

4. 控制用户是否允许切换到上级目录

要将登录用户限制在 FTP 服务器的根目录之内，不允许切换到上级目录，有以下两种配置方式。

1）配置所有登录用户都不能改变自己的 FTP 根目录，被限制在 FTP 服务器根目录之内。

在 vsftpd.conf 配置文件中，添加以下配置项即可。

```
chroot_local_user=YES
```

添加该配置项之后，重启 vsftpd 服务。

2）配置指定的部分账户不允许更改根目录，被限制在根目录之内。

- chroot_list_enable=YES 设置是否启用 chroot_list_file 配置项指定的用户列表文件。
- chroot_list_file=/etc/vsftpd/chroot_list 设置用户列表文件，该文件中的用户不允许更改目录，被限制在根目录之内。

在 vsftpd.conf 配置文件中，将 chroot_local_user=YES 配置项注释掉，添加以下配置项。

```
chroot_list_enable=YES
chroot_list_file=/etc/vsftpd/chroot_list
```

利用 Vim 编辑器创建 chroot_list 文件，在该文件中添加 FTP 账户。

```
[root@localhost ~]# vim /etc/vsftpd/chroot_list
ftp
```

重新启动 vsftpd 服务，再利用 ftp 验证用户能否更改根目录。

5. 设置访问控制

通过设置允许或不允许访问的主机来实现访问控制。

tcp_wrappers=YES 设置 vsftpd 服务器是否与 tcp_wrapper 相结合，进行主机的访问控制。默认设置为 YES，vsftpd 服务器会检查/etc/hosts.allow 和/etc/hosts.deny 中的设置，以决定请求连接的主机是否允许连接访问该 FTP 服务器。这两个文件可以起到简易防火墙的功能。

例如：要允许 192.168.168.1-192.168.168.254 的用户访问连接 vsftpd 服务器，则可在/etc/hosts.allow 文件中添加以下内容。

```
vsftpd:192.168.168.  :allow
all: all: deny
```

6. 设置访问速度

- anon_max_rate=0 设置匿名用户所能使用的最大传输速度，单位为 B/s。若设置为 0，则不受速度限制，此为默认值。
- local_max_rate=0 设置本地用户所能使用的最大传输速度。默认为 0，即不受限制。

7. 定义用户配置文件所在的目录

user_config_dir=/etc/vsftpd/userconf 设置用户配置文件所在的目录。

设置了该配置项后，系统就会到/etc/vsftpd/userconf 目录中读取与当前用户名相同的文件，并根据文件中的配置命令对当前用户进行进一步的配置。

8. 与连接相关的设置

- listen=YES 设置 vsftpd 服务器是否以 standalone 模式运行。
- max_clients=0 设置 vsftpd 服务器允许的最大连接数，默认为 0，表示不受限制。
- max_per_ip=0 设置每个 IP 地址允许与 FTP 服务器同时建立连接的数目。
- listen_address=IP 设置在哪个 IP 地址上侦听用户的请求。
- accept_timeout=60 设置以被动模式进行数据传输时，主机启用 passive port 并等待客户机建立连接的超时时间，单位为秒。超时后将强制断开连接。
- connect_timeout=120 设置以 PORT 模式连接服务器的命令通道的超时时间。
- data_connection_timeout=120 设置建立 FTP 数据传输通道的超时时间，单位为秒，默认为 120s。
- idle_session_timeout=600 设置多长时间不对 FTP 服务器进行任何操作，则断开该 FTP 连接，单位为秒，默认为 600s。

9. FTP 工作方式与端口设置

- listen_port=21 设置 FTP 服务器建立连接所侦听的端口，默认值为 21。
- connect_from_port_20=YES 指定 FTP 数据传输连接使用 20 端口，默认值为 YES。若设置为 NO，则进行数据连接时，所使用的端口由 ftp_data_port 指定。
- ftp_data_port=20 设置 PORT 模式下 FTP 数据连接所使用的端口。

- pasv_enable=YES|NO 若设置为 YES，则使用 PASV 模式；若设置为 NO，使用 PORT 模式。
- pasv_max_port=0 设置在 PASV 模式下，数据连接使用的端口范围的上界。默认值为 0，表示任意端口。
- pasv_min_port=0 设置在 PASV 模式下，数据连接可以使用的端口范围的下界。

10. 设置传输模式

FTP 在传输数据时，可使用二进制方式，也可使用 ASCII 方式。

- ascii_download_enable=YES 设置是否启用 ASCII 方式下载数据。
- ascii_upload_enable=YES 设置是否启用 ASCII 方式上传数据。

11. 设置上传文档的所属关系和权限

（1）设置匿名上传文档的属主

- chown_uploads=YES 设置是否改变匿名用户上传的文档的属主。默认为 NO。若设置为 YES，则匿名用户上传的文档的属主将被设置为 chown_username 配置项所设置的用户名。
- chown_username=whoever 设置匿名用户上传的文档的属主名。建议不要设置为 root 用户。

（2）新增文档的权限设定

- local_umask=022 设置本地用户新增文档的 umask，默认为 022，对应的权限为 755。
- Anon_umask=022 设置匿名用户新增文档的 umask。
- file_open_mode=755 设置上传文档的权限。权限采用数字格式。

12. 日志文件

- xferlog_enable=YES 设置是否启用上传/下载日志记录。
- xferlog_file=/var/log/vsftpd.log 设置日志文件名及路径。
- xferlog-std_format=YES 设置日志文件是否使用标准的 xferlog 格式。

8.4.2 配置 FTP 本地用户访问

默认情况下，FTP 服务器只支持匿名用户的访问，使用/etc/passwd 中的其他本地账户无法登录。对于 root 账户，SELinux 安全系统更是严格限制 root 账户登录 FTP 服务器。但匿名用户只支持下载文件，不支持上传文件。若想实现既下载又上传文件，就需要使用“本地用户”。本地用户是指在 FTP 服务器主机上存在账户的用户。

1. 允许本地账户登录的相关配置和配置文件

要允许本地用户登录，需要在/etc/vsftpd/vsftpd.conf 配置文件中设置并启用配置项 local_enable。

在/etc/vsftpd 配置文件目录中，ftpusers 配置文件设置了不允许登录 FTP 服务器的账户，其中就包括 root 账户。

user_list 配置文件中设置的账户是否允许登录，是由主配置文件中的 userlist_deny 配置项决定的。userlist_deny= YES 表示 user_list 文件中的账户不允许登录 FTP 服务器。userlist_deny=NO 表示只有 user_list 文件中指定的账户才能登录 FTP 服务器。

2. 配置用户主目录

用户的主目录是用户登录到 FTP 服务器后所在的位置。默认情况下，本地用户登录 FTP 服务器后将进入该用户在系统中所在的主目录，例如 user1 用户登录 FTP 服务器后进入 /home/user1 目录，目录名与用户名相同。

根据不同的 FTP 用户登录 FTP 根目录不同的特点，最好将用户的 Web 站点根目录与该用户的 FTP 服务器目录设置成同一目录，这样便于用户利用 FTP 访问远程 Web 站点的目录和文件。

3. 配置允许 root 账户登录 FTP 服务器

1）创建本地非匿名账户登录成功后所进入的 FTP 服务器的根目录。

```
[root@localhost ~]#mkdir /var/ftproot
```

2）修改/etc/vsftpd/vsftpd.conf 文件，设置或添加以下配置项。

```
local_enable=YES
userlist_deny=NO
local_root=/var/ftproot
```

3）编辑修改 ftpusers 配置文件，从中将 root 账户删除，然后保存该文件。再编辑修改 user_list 配置文件，保留 root 账户，将其他的账户删除，再添加 ftp 账户到该配置文件中。

4）检查是否启用了 SELinux 安全系统。

```
[root@localhost ~]# setsebool  -P  ftp_home_dir  on
```

注意：ftp_home_dir 的值为 FTP 服务器的工作目录。

5）重启 vsftpd 服务，然后使用 root 账户登录进行测试，如图 8-6 所示。

```
[root@localhost ~]# systemctl restart vsftpd
```

```
[root@www vsftpd]# ftp 192.168.1.1
Connected to 192.168.1.1 (192.168.1.1).
220 (vsFTPd 3.0.2)
Name (192.168.1.1:root): root
331 Please specify the password.
Password:
230 Login successful.
Remote system type is UNIX.
Using binary mode to transfer files.
ftp>
```

图 8-6 root 用户登录界面

任务 8.5 管理 FTP 服务器

8.5.1 管理 FTP 服务器

在 Linux 操作系统下，FTP 服务器是通过 vsftpd 守护进程来启动的。默认情况下，该服务没有自动启动。在配置好 FTP 服务器后，为了让配置文件生效，应该重新启动该服务。可以通过 systemctl 命

8-7
管理 FTP 服务器

令来实现 FTP 服务的基本管理。

1．管理 vsftpd 服务

1）启动 vsftpd 服务器：systemctl start vsftpd。
2）重启 vsftpd 服务器：systemctl restart vsftpd。
3）查询 vsftpd 服务器状态：systemctl status vsftpd。
4）停止 vsftpd 服务器：systemctl stop vsftpd。

2．设置 vsftpd 服务自动加载

如果服务器每次启动后都要手工开启 vsftpd 服务，无形中就增加了管理的负担，想让 FTP 服务随着系统的启动而自动加载，也可以通过执行 systemctl 命令来实现，具体命令如下。

```
systemctl enable vsftpd
systemctl disable vsftpd
```

8.5.2　查看和分析日志

对于网络管理员来说，应该经常查看服务器的日志，以便了解系统的运行状态。日志记录存放在/var/log/xferlog 文件中，一行一条记录，用户可以使用 Vim 编辑器进行查看。

任务 8.6　配置 FTP 服务器案例

8.6.1　配置本地组访问的 FTP 服务器

本地组 softgroup 有 3 个用户 soft1、soft2 和 soft3，其中 soft1 对 FTP 服务器有读写（包括列文件目录、上传和下载）权限，而 soft2 和 soft3 对 FTP 服务器只有读（包括列文件目录、下载）的权限。

8-8
配置本地组访问的 FTP 服务器

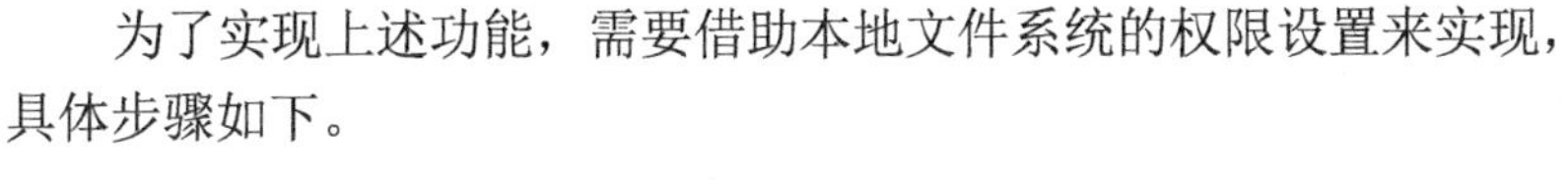
为了实现上述功能，需要借助本地文件系统的权限设置来实现，具体步骤如下。

```
//创建本地组的 FTP 服务器目录
# mkdir -p  /var/local-ftp/softgroup
//创建本地用户和组
# groupadd softgroup
# useradd  -G  softgroup  -d  /var/local-ftp/softgroup  -M  soft1
# useradd  -G  softgroup  -d  /var/local-ftp/softgroup  -M  soft2
# useradd  -G  softgroup  -d  /var/local-ftp/softgroup  -M  soft3
//设置用户密码
# passwd soft1
# passwd soft2
# passwd soft3
//修改/var/local-ftp/softgroup 的属主和权限
#  chown  soft1.softgroup  /var/local-ftp/softgroup
#  chmod  750  /var/local-ftp/softgroup
#  ll  /var/local-ftp
```

对目录/var/local-ftp/softgroup 的文件系统权限进行上述设置的结果如下。

1）soft1 用户是该目录的属主，因此具有读写权限和进入目录的权限。

2）soft2 和 soft3 用户属于 softgroup 组，因此只具有读权限和进入目录的权限。

8.6.2 配置基于 IP 的 vsftpd 虚拟主机

配置步骤如下。

- 配置虚拟 IP 地址。
- 建立虚拟 FTP 服务器的目录并设置适当的权限。
- 建立虚拟 FTP 服务器的主配置文件。

注意：虚拟 FTP 服务器要有单独的主配置文件，即原主机的主配置文件与虚拟主机的配置文件不能重名。

1．配置一个虚拟的接口 ens33:0

```
ifconfig ens33:0 192.168.2.1 netmask 255.255.255.0 up
```

2．建立虚拟 FTP 服务器的目录并设置适当的权限

```
//建立虚拟 FTP 服务器的目录
# mkdir -p /var/ftp2/pub
//确保目录具有如下的权限
# ll -d /var/ftp2
drwxr-xr-x  3  root  root  4096  12 03:00  /var/ftp2
# ll -d /var/ftp2/pub
drwxr-xr-x  3  root  root  4096  12 03:00  /var/ftp2/pub
//在下载目录中生成测试文件
# echo "hello">/var/ftp2/pub/test_file
//创建此虚拟服务器的匿名用户所映射的本地用户 ftp2
# useradd -d /var/ftp2 -M ftp2
# passwd ftp2
```

3．建立虚拟 FTP 服务器的主配置文件

```
vim /etc/vsftpd/vsftpd.conf    //修改/etc/vsftpd/vsftpd.conf 文件
```

添加 listen_address=192.168.1.1 的配置行，将原 FTP 服务器绑定到 ens33 接口。

```
//使用前面备份的 vsftpd 的主配置文件生成虚拟 FTP 服务器的主配置文件
# cp /etc/vsftpd/vsftpd.conf  /etc/vsftpd/vsftpd_site2.conf
# vim /etc/vsftpd/vsftpd_site2.conf
```

添加 listen_address=192.168.2.1 的配置行，将虚拟 FTP 服务器绑定到 ens33:0 接口。

```
ftp_username=ftp2
//使此虚拟服务器的匿名用户映射到本地用户 ftp2，这样匿名用户登录后才能进入本地用户 ftp2
的/var/ftp2 目录
# systemctl restart vsftpd
```

4．测试

```
ftp 192.168.1.1      使用本地用户或匿名用户登录
ftp 192.168.2.1      使用 ftp2 登录到/var/ftp2 目录下
```

8.6.3 配置vsftpd服务器的综合应用

现有一台能提供虚拟主机Web和FTP服务的服务器，服务器的IP地址为192.168.1.1，虚拟主机采用基于域名的虚拟主机，各用户的Web站点根目录统一放在/var/www目录中，目录名为域名，比如，若某网站的域名为hbsi.com，则站点根目录为/var/www/hbsi。每个网站的管理员有一个FTP账户，利用该账户登录后，可在Web站点根目录下进行文件上传/下载、创建子目录、文件更名和文件删除操作，用户只能对自己的Web站点根目录及其下面的目录文件操作，不允许切换到上级目录，不允许匿名用户登录和访问。

FTP服务器采用PASV模式，允许以ASCII方式上传或下载数据，允许最大同时连机500个用户，每个用户的IP地址允许同时与服务器建立10个连接，匿名用户的访问速度限制为100KB/s，本地用户的访问速度限制为10MB/s。FTP日志文件存放在/var/log/xferlog文件中。

1）创建新用户账户，并设置密码。该账户仅用作登录FTP服务器。

```
[root@localhost ~]# useradd test1 -r -m -g ftp -d /var/www/hbsi -s /sbin/nologin -c "vHost FTP User"
```

2）检查并设置站点根目录的所属关系和权限。

```
[root@localhost ~]# ll /var/www |grep hbsi
[r[root@localhost ~]# chmod 755 /var/www/hbsi
```

3）修改/etc/httpd/conf/httpd.conf配置文件，添加www.hbsi.com虚拟主机。（在Apache中配置，具体步骤在此省略）

4）配置FTP服务器。

对FTP服务器的配置是对整个FTP服务器生效的，因此，只需配置一次即可。配置好后，以后添加新用户时，就不再需要配置了。

利用Vim编辑器编辑修改/etc/vsftpd/vsftpd.conf配置文件，将配置项设置为以下形式。

```
write_enable=YES
# 对匿名用户设置
anonymous_enable=NO
anon_upload_enable=NO
anon_mkdir_write_enable=NO

# 对本地用户设置
local_enable=YES
local_umask=022
file_open_mode=755

# 欢迎信息设置
dirmessage_enable=NO
ftpd_banner=Welcome to hbsi Virtual Host FTP Service.

# 日志文件
xferlog_enable=YES
xferlog_file=/var/log/xferlog
xferlog_std_format=YES

# 允许以ASCII方式上传或下载文件
ascii_upload_enable=YES
```

```
ascii_download_enable=YES

# 仅允许 vsftpd.chroot 文件中的用户，可以切换到上级目录
chroot_local_user=YES
chroot_list_enable=YES
chroot_list_file=/etc/vsftpd.chroot

# 访问控制，拒绝 user_list 和 ftpusers 文件中的用户登录 FTP 服务器
userlist_enable=YES
userlist_deny=YES
tcp_wrappers=YES

# 设置 vsftpd 服务器以单进程方式工作
setproctitle_enable=NO
pam_service_name=vsftpd

# 与连接相关的设置
listen=YES
listen_address=192.168.1.1
ftp_data_port=20
connect_from_port_20=YES
pasv_enable=YES
pasv_max_port=0
pasv_min_port=0
idle_session_timeout=600
data_connection_timeout=120
max_clients=500
max_per_ip=10
local_max_rate=10240000
anon_max_rate=102400
```

保存配置，然后退出 Vim 编辑器。

5）创建/etc/vsftpd/chroot 配置文件，然后重新启动 vsftpd 服务器即可。

```
[root@localhost ~]# touch /etc/vsftpd/chroot    //只有该文件中的用户才可以切换
到上级目录
[root@localhost ~]# systemctl restart vsftpd.service
```

6）访问 FTP 站点。

利用 test1 账户登录 FTP 服务器，然后再创建 2 个名为 downloads 和 up 的目录。检测访问是否正常。

```
[root@localhost ~]# ftp 192.168.1.1
Name (192.168.10.1:root):test1
331 Please specify the password.
Password:
230 Login successful. Have fun.
Remote system type is UNIX.
Using binary mode to transfer files.
ftp>mkdir downloads                    #创建 downloads 目录
257 "/downloads" created
ftp>mkdir up                           #创建 up 目录
```

```
257 "/up" created
ftp>pwd                                    #检查当前在 FTP 服务器中的位置
257 "/"                                    #说明位于 FTP 站点的根目录
ftp>ls                                     #查询文件目录列表
227 Entering Passive Mode (192.168.1.1)
150 Here comes the directory listing.
drwxr-xr-x  2   103  50   4096  Aug 23 04:53     downloads
drwxr-xr-x  2   103  50   4096  Aug 23 04:52     up
226 Directory send OK.
ftp>bye
Goodbye.
```

项目小结

本项目结合企业搭建 FTP 服务器的需求，详细地讲述了 FTP 服务器和 FTP 客户机的配置过程。通过本项目的学习，学生掌握了 FTP 服务器的搭建过程，也了解了 FTP 服务器的相关知识。

实训练习

1. 实训目的

掌握 FTP 服务器的使用。

2. 实训内容

1）设置 IP 地址、主目录。
2）安装 FTP 服务。
3）配置 FTP 服务器。

3. 实训步骤

1）安装 vsftpd 服务。
2）配置 vsftpd 服务。
3）通过客户机连接 vsftpd 服务器。
4）测试访问 FTP 站点。

课后习题

一、选择题

1. 要检查 Linux 操作系统中是否已经安装了 FTP 服务器，以下（　　）命令是正确的。
   A. rpm -q vsftpd　B. rpm -q ftp　C. rpm -ql ftp　D. rpm -qa ftpd

2．安装 vsftpd FTP 服务后，以下（　　）命令可以正确地启动该服务。
A．systemctl start vsftpd.service　　B．systemctl stop vsftpd.service
C．systemctl restart vsftpd.service　　D．ssystemctl status vsftpd.service

3．在默认情况下，使用匿名用户登录到 FTP 服务器后，其默认目录是（　　）。
A．/etc/ftp　　B．/home　　C．/var/ftpd　　D．/var/ftp

4．vsftpd 的主配置文件是（　　）。
A．/etc/vsftpd/ftpusers　　B．/etc/vsftpd/user_list
C．/etc/vsftpd/vsftpd.conf　　D．/etc/vsftpd/vsftpd.cn

5．以下（　　）文件不属于 vsftpd 的配置文件。
A．/etc/vsftpd/ftpusers　　B．/etc/vsftpd/user_list
C．/etc/vsftpd/vsftpd.conf　　D．/etc/vsftpd/vsftpd.cn

二、简答题

1．试描述 FTP 服务的运行机制。
2．FTP 主要应用在哪些场合？
3．简述实现 vsftpd 虚拟用户访问的基本步骤。
4．设计一个模拟的公司 FTP 站点，考虑现实的安全控制措施实现并测试。

项目 9 搭建 WWW 服务器

项目学习目标

- 了解 WWW 服务器的运行机制
- 掌握 Apache 服务的安装
- 理解并掌握 Apache 服务器的基本配置语句
- 理解并掌握虚拟主机技术的使用
- 掌握 Web 站点的维护与管理

案例情境

对企业来说，为了树立公司形象或进行产品推广，进行广告宣传是必不可少的。随着计算机网络的发展，除了可以在电视、广播、报纸等平台进行宣传，还可以将特定产品、公司简介、客户服务等情况在网站中进行宣传。这样做的最大好处就是能够使成千上万的用户通过简单的图形界面就可以访问公司的最新信息及产品情况。

项目需求

为了提高公司的知名度，Web 网站成为进行产品推广的重要手段之一。公司希望在自己的内部网络中搭建一台 WWW 服务器，它能够实现 HTTP 文件的下载操作，同时也希望搭建动态网站，以满足客户的需要。

实施方案

使用 RHEL 7 操作系统作为平台，具体的解决步骤如下。

1）为 Web 网站申请一个有效的 DNS 域名，以方便用户能够通过域名访问该网站。

2）为方便网络上的用户直接访问 Web 网站，最好使用默认的 80 端口。

3）对于公司的不同部门，可以为其配置相应的二级域名或虚拟目录。

4）若公司需要搭建多个网站，可以考虑使用虚拟主机技术实现。

5）若需要运行动态网站，须在 Web 服务器上启动并配置 ASP、ASP.NET 等环境。

任务 9.1 认识 Web 服务

9.1.1 了解 Web 服务器

随着因特网技术的快速发展，WWW（World Wide Web，万维网）正在逐步改变人们的通信方式。在过去的十几年中，Web 服务得到了飞速的发展，用户平时上网最普遍的活动就是浏览信息、查询

资料，而这些上网活动都是通过访问 Web服务器来完成的。利用 IIS 建立 Web 服务器是目前世界上使用最广泛的手段之一。

互联网的普及给各行各业带来了前所未有的商机，通过建设网站，展示公司的形象，拓展公司的业务。掌握网站的架设和基本管理手段是网络管理人员的必备技能。

Web 服务器也称为 WWW 服务器，是指专门提供 Web 文件保存空间，并负责传送和管理 Web 文件和支持各种 Web 程序的服务器。

Web 服务器的功能如下。

- 为 Web 文件提供存放空间。
- 允许因特网用户访问 Web 文件。
- 提供对 Web 程序的支持。
- 架设 Web 服务器让用户通过 HTTP 来访问自己的网站。
- Web 服务是实现信息发布、资料查询等多项应用的基本平台。

Web 服务器使用 HTML（HyperText Marked Language，超文本标记语言）描述网络的资源，创建网页，以供 Web 浏览器阅读。HTML 文档的特点是交互性好。不管是文本还是图形，都能通过文档中的链接连接到服务器上的其他文档，从而使客户快速地搜索所需的资料。

9.1.2 了解 WWW 服务的运行机制

Web 服务器同 Web 浏览器之间的通信是通过 HTTP 进行的。HTTP 是基于 TCP/IP 的应用层协议，是通用的、无状态的、面向对象的协议。Web 服务器的工作原理如图 9-1 所示。

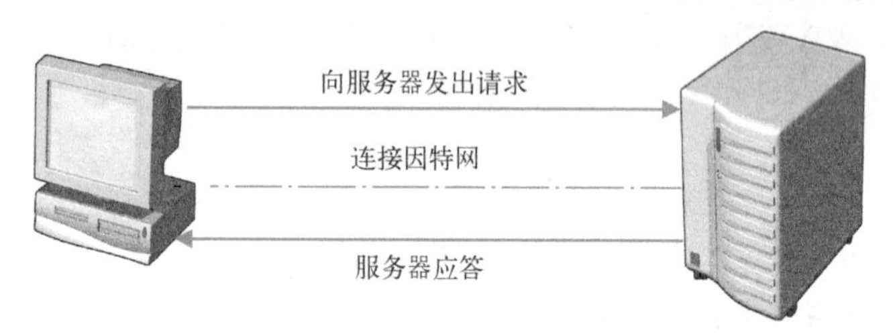

图 9-1 Web 服务器的工作原理

从图 9-1 可以看出，一个 Web 服务器的工作过程包括几个环节：首先是建立连接，然后浏览器端通过网址或 IP 地址向 Web 服务器提出访问请求，Web 服务器接收到请求后进行应答，也就是将网页相关文件传递到浏览器，浏览器接收到网页后进行解析并显示出来。下面分别做简要介绍。

建立连接：Web 浏览器与 Web 服务器建立连接，打开一个称为 Socket（套接字）的虚拟文件，此文件的建立标志着连接成功。默认的 Web 服务端口号为 80，可以根据需要指定其他的端口号。

请求：Web 浏览器通过 Socket 向 Web 服务器提交请求。

应答：Web 服务器接到请求后进行事务处理，结果通过 HTTP 发送给 Web 浏览器，从而在 Web 浏览器上显示出所请求的页面。

关闭连接：当应答结束后，Web 浏览器与 Web 服务器必须断开，以保证其他 Web 浏览器能够与 Web 服务器建立连接。

Web服务器的作用最终体现在对内容特别是动态内容的提供上，Web服务器主要负责同Web浏览器交互时提供动态产生的HTML文档。Web服务器不仅提供HTML文档，还可以与各种数据源建立连接，为Web浏览器提供更加丰富的内容。

9.1.3　认识Apache

Apache取自a patchy server的读音，意思是充满补丁的服务器。Apache是Apache软件基金会维护开发的一个开放源代码的网页服务器。它本来只用于小型或试验Internet网络，后来逐渐扩充到各种UNIX系统中。Apache是世界上最流行的Web服务器软件，它可以运行在几乎所有广泛使用的计算机平台上，由于其可跨平台性和安全性，而被越来越多的用户所青睐。

Apache服务器采用模块化设计，功能强大、灵活，能运行在Linux、UNIX和Windows等平台。通用的语言接口支持PHP、Perl、Python等，流行的认证模块包括mod_access、SSL、TLS、proxy等。最新版本的Apache源代码软件包，可访问http://httpd.apache.org网站获得。

任务9.2　安装与管理Apache服务

9.2.1　安装Apache服务

9-2
安装与管理
Apache服务

在安装Apache服务前，应该给Apache服务器指定静态的IP地址、子网掩码等TCP/IP参数。为了更好地为客户端提供服务，Apache服务器应拥有一个友好的DNS名称，以便Apache客户端能够通过该DNS名称访问Apache服务器。具体安装过程如下。

```
[root@localhost ~]# rpm -q httpd     //查询是否安装了Apache服务
```

若未安装，可以采用以下命令进行安装。

```
[root@localhost Packages]# rpm -ivh httpd-2.4.6-45.el7.x86_64.rpm
```

9.2.2　查询Apache软件包的安装位置

在安装完Apache服务器后，可以通过以下命令查看软件包的安装位置，具体操作如下。

```
/etc/httpd/conf                 #Apache配置文件存放目录
/etc/httpd/conf/httpd.conf      #Apache的主配置文件
/usr/sbin/apachectl             #Apache守护进程启动程序
/usr/sbin/httpd                 #Apache服务的守护进程
/var/log/httpd                  #Apache日志文件存放目录
/var/www                        #Apache网站数据的存放目录
/var/www/html                   #Apache的默认网站的根目录
```

9.2.3 管理 Apache 服务器

在 Linux 操作系统下，Apache 服务是通过 httpd 守护进程来进行启动的，所以 Apache 服务有时也被称为 httpd 服务。默认情况下，该服务没有自动启动。在配置好 Apache 服务器后，为了让配置文件生效，应该将该服务进行重新启动。可以通过 systemctl 命令来实现 Apache 服务的基本管理。

1. 管理 Apache 服务

1）启动 Apache 服务器：systemctl start httpd。

2）重启 Apache 服务器：systemctl restart httpd。

3）查询 Apache 服务器状态：systemctl status httpd。

4）停止 Apache 服务器：systemctl stop httpd。

2. 设置 Apache 服务自动加载

如果服务器每次启动后都要手工开启 Apache 服务，无形中就增加了管理员的负担。如果想让 Apache 服务随着系统的启动而自动加载，也可以通过执行 systemctl 命令来实现，具体命令如下。

```
systemctl enable httpd.service  #启用 Apache 服务
systemctl disable httpd.service  #关闭 Apache 服务
```

9.2.4 测试 Apache 服务器

Apache 服务器启动成功后，在 Linux 服务器的 Mozilla 浏览器中，输入 http://127.0.0.1 或 http://localhost 并按〈Enter〉键，即可看到 Apache 默认站点的内容了。对于其他主机，可通过“http://服务器 IP 地址或域名”的方式来访问该 Web 站点。Apache 服务器的测试页面如图 9-2 所示。

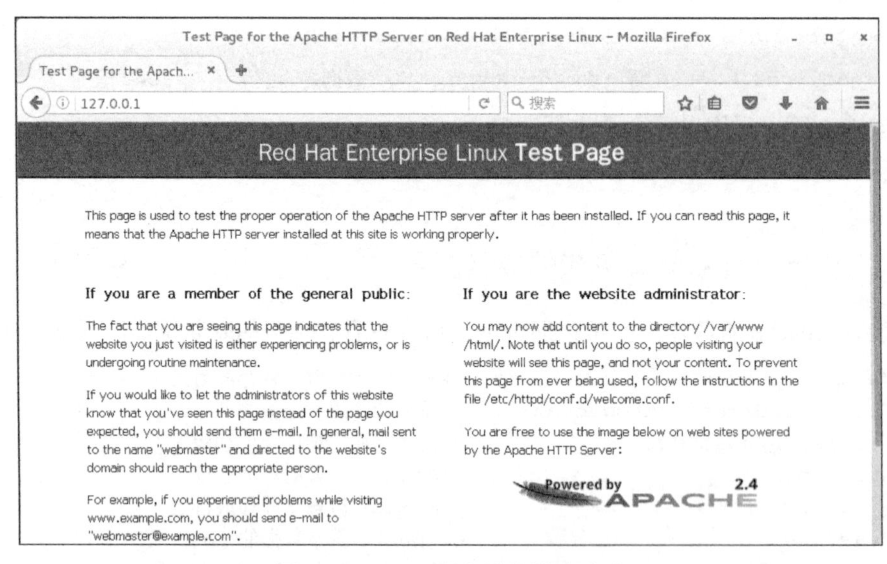

图 9-2 Apache 服务器的测试页面

任务9.3 配置Apache服务器

9.3.1 认识Apache服务器的配置文件

9-3 认识 Apache 服务器的配置文件

Apache 服务器的配置文件是包含了若干指令的纯文本文件，其主配置文件为/etc/httpd/conf/ httpd.conf。

从整个文件来看，大概有 350 多行，看似复杂，其实大多是以#开头的注释行。包括全局环境设置（主要用于设置 ServerRoot、Listen、User、服务器侦听的 IP 地址和端口以及要装载的模块等）和服务器的主要配置。

Apache 服务器启动时自动读取其内容，根据配置指令决定 Apache 服务器的运行。可以直接使用 Vim 编辑器对该文件进行配置。配置后，必须重新启动 Apache 服务，新的配置才会生效。

注意：

- 配置文件的注释符为#。
- 配置指令的参数通常要区分大小写。
- 对于较长的配置命令，若要用多行表达，行末可使用反斜杠“\”换行继续表达。
- 检查配置文件语法时，可以使用 apachectl configtest 或 httpd -t 命令，而无须启动 Apache 服务器。

关于 Apache 服务器的主要配置命令如下。

（1）ServerRoot

ServerRoot 用于设置服务器的根目录，默认设置为/etc/httpd。

命令用法：ServerRoot Apache 安装路径

（2）Listen

Listen 命令告诉服务器接受来自指定端口或者指定地址的某端口的请求。如果 Listen 仅指定了端口，则服务器会监听本机的所有地址；如果指定了地址和端口，则服务器只监听来自该地址和端口的请求。

默认配置：Listen 80

（3）User 与 Group

User 用于设置服务器以哪种用户身份来响应客户端的请求。Group 用于设置将由哪一组响应用户的请求。

例如：User apache

　　　Group apache

（4）ServerName

ServerName 用于设置服务器的主机名和端口号，该设置仅用于重定向和虚拟主机的识别。应对该项配置进行设置修改，并启用该项配置。

命令用法：ServerName 完整的域名或 IP 地址[:端口号]

例如：ServerName www.hbsi.com 或 ServerName www.hbsi.com:80

（5）ServerAdmin

ServerAdmin 用于设置 Web 站点管理员的 E-mail 地址。

命令用法：ServerAdmin E-mail 地址

例如：ServerAdmin root@localhost

（6）DocumentRoot

DocumentRoot 用于设置指定网站的根目录路径。

命令用法：DocumentRoot 目录路径名

默认设置：/var/www/html

注意：目录路径名的最后不能加“/”，否则将发生错误。

（7）DirectoryIndex

DirectoryIndex 用于设置网站的默认首页的网页文件名。可同时指定多个，各首页文件之间用空格分隔。

例如：DirectoryIndex index.html index.html.var

（8）ErrorLog

ErrorLog 用于指定服务器存放错误日志文件的文件及路径。

（9）LogLevel

LogLevel 用于设置记录在错误日志中的信息的详细程度。

（10）LogFormat、CustomLog

Access_log 日志文件用于记录服务器处理的所有请求。CustomLog 用于指定 Access_log 日志文件的位置和日志记录的格式。LogFormat 用于定义日志的记录格式。

（11）ErrorDocument

该命令让网站的管理员自定义对一些错误和问题的响应。

命令用法：ErrorDocument error-code action

error-code 代表一个 3 位数字的 HTTP 响应状态码。被成功响应状态码以 2 开头，被重定向响应状态码以 3 开头，出错响应状态码以 4 开头，服务器端错误响应状态码以 5 开头。常见响应状态码及其含义如表 9-1 所示。

表 9-1 常见错误响应状态码

响应状态码	含义	响应状态码	含义
400	错误请求	404	文件未找到
401	未授权访问	500	内部服务器错误
403	禁止访问	503	HTTP 服务暂时无效

action 代表出现该错误后的响应方式，可以是以下三种之一。

- 输出一个提示信息，要输出的文字信息用双引号括起来。
- 指定一个外部 URL 地址，以重定向到该外部 URL 地址。
- 指定一个内部 URL 地址，实现本地的重定向。

（12）容器命令

容器命令通常用于封装一组命令，使其在容器条件成立时有效，或者用于改变命令的作用域。容器命令通常成对出现，具有以下格式特点。

```
<容器命令名　参数>
...
</容器命令名>
```

Apache 常见的容器命令有<Directory>、<Files>、<Location>、<VirtualHost>等。

容器命令的具体用法在后面的具体实例中进行讲解。

9.3.2　配置简单的 Apache 服务器

Apache 服务在安装完成后，需要将 httpd 守护进程重新启动后 Apache 服务才能生效。在默认情况下，Apache 在安装成功后就能提供服务了，下面讲述如何搭建一台简单的 Apache 服务器。

1．为 Apache 服务器设置静态的 IP 地址等参数信息

假如该服务器的 IP 地址为 192.168.1.1，具体命令如下。

```
ifconfig ens33 192.168.1.1 netmask 255.255.255.0
```

> 说明：该方法仅为 ens33 指定了一个临时的 IP 地址，若想为 ens33 设置一个永久的 IP 地址，需要修改网卡对应的配置文件，具体参照前面的项目内容。

2．创建 Web 主目录

Linux 操作系统默认情况下会在主目录/var/www/html 目录中读取 Web 主页，该目录已经存在，无须再创建。

3．创建 Web 主页

在 Apache 配置文件中，默认支持主页名 index.html。在/var/www/html 目录下创建一个文件 index.html，并用 Vim 编辑器编写该文件作为 Web 主页，如图 9-3 所示。

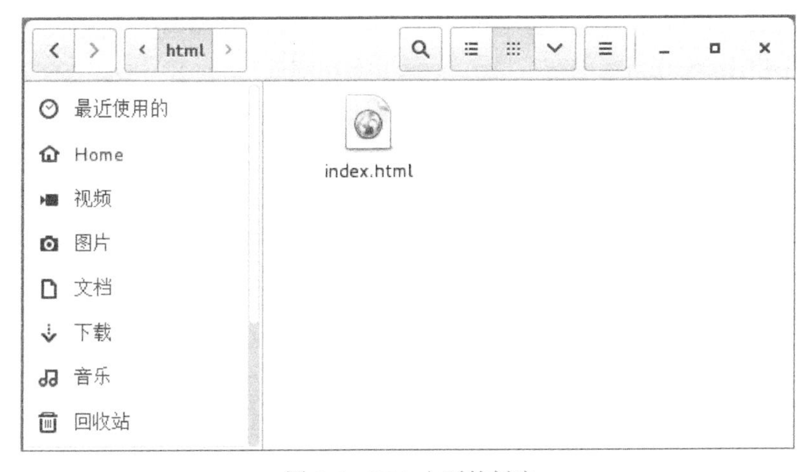

图 9-3　Web 主页的创建

注意：如果用户想创建一个非系统默认支持的主页名，需要将该文件名添加到主配置文件/etc/httpd/conf/httpd.conf 的 DirectoryIndex 语句后。

4．重新启动 Apache 服务

在将主配置文件 httpd.conf 配置完成后，需要重新启动服务，新的设置才会生效。如果出现如图 9-4 所示的界面，就说明 Apache 服务已经能够正常启动。

```
[root@localhost html]# systemctl restart httpd.service
[root@localhost html]# 
```

图 9-4　重启 Apache 服务

5．测试 Apache 服务器

在 Linux 环境中，默认的浏览器为 Mozilla Firefox，在该浏览器下输入 Apache 服务器的 IP 地址或域名（需要配置 DNS 服务器）即可访问，具体如图 9-5 所示。

图 9-5　测试 Apache 服务器

9.3.3　配置每个用户的 Web 站点

配置每个用户的 Web 站点的含义是指在安装了 Apache 服务的本地计算机上，拥有用户账号的每个用户都能够搭建自己独立的 Web 站点。例如，用户 user1 在自己的宿主目录/home/user1/public_html 中存放自己的主页文件，他就可以通过“http://IP 地址或域名/~user1”的 URL 地址来访问自己的个人主页。

配置每个用户的 Web 站点，主要分为以下两个步骤。

1）修改配置文件/etc/httpd/conf.d/userdir.conf，启用基于每个用户的 Web 站点的配置。

2）修改基于每个用户的 Web 站点目录配置访问控制。

具体操作步骤如下。

1）修改配置文件/etc/httpd/conf.d/userdir.conf

```
# vim /etc/httpd/conf.d/userdir.conf      //以 root 身份登录
//修改如下部分的配置
<IfModule mod_userdir.c>
```

```
    UserDir disable root        //禁止 root 使用自己的个人站点
    UserDir public_html         //配置对每个用户 Web 站点目录的设置
</IfModule>
//设置每个用户 web 站点目录的访问权限
<Directory "/home/*/public_html">
  AllowOverride FileInfo AuthConfig Limit Index
  Options multiViews Indexes SymLinksIfOwnerMatch IncludesNoExec
Require method GET POST OPTIONS
</Directory>
```

2）重新启动 Apache 服务。

```
# systemctl restart httpd.service
```

3）用户为创建自己的 Web 站点需要执行的步骤。

```
//以 user1（以 user1 用户为例）的身份登录系统
$ whoami            //查看当前的用户
$ cd                //回到用户的宿主目录的根
//以 user1 用户为例，相当于创建目录/home/user1/public_html
$ mkdir public_html
$ cd ..
$ chmod 711 user1          //修改 user1 目录的权限
$ cd ~/public_html         //相当于进入/home/user1/public_html 目录
$ vim index.html           //创建 index.html 主页
```

4）允许用户访问其家目录，仅限于用户的家目录主页。

```
#chcon  -R  -t  httpd_sys_content_t  /home/user1/public_html/
#setsebool -P httpd_enable_homedirs 1
```

5）访问网页。

命令格式：http://IP 地址或 FQDN/~用户名

例：http://192.168.1.1/~user1，具体页面如图 9-6 所示。

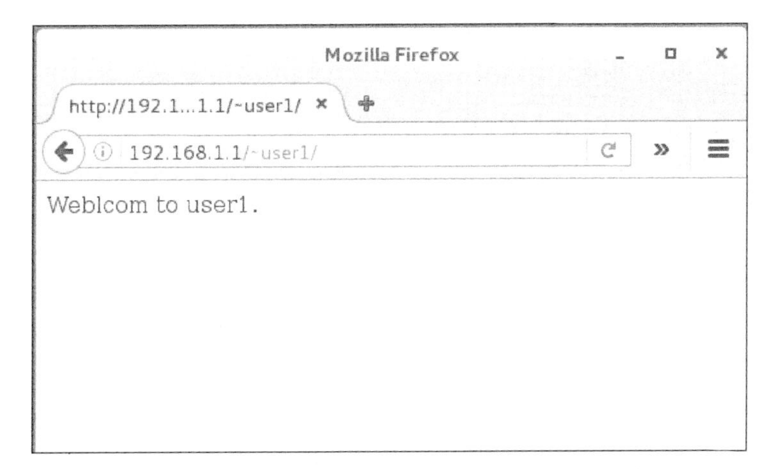

图 9-6　用户访问自己的 Web 站点

9.3.4 访问控制、认证和授权

9-6
访问控制

9-7
认证和授权

Apache 服务器的功能越来越多，配置也越来越复杂，也就意味着存在越多潜在的危险。Apache 服务器的安全涉及许多方面，必须从整体来解决安全问题。这里主要从 Apache 服务器的访问控制、认证和授权方面来进行讲解如何提高服务器的安全性。

1. 访问控制

Apache 使用下面的 3 个命令配置访问控制。

- Order：用于指定执行允许访问规则和执行拒绝访问规则的先后顺序。
- Deny：定义拒绝访问列表。
- Allow：定义允许访问列表。

（1）Order 命令的两种形式

- Order　Allow，Deny：在默认情况下会拒绝所有没有明确被允许的用户。
- Order　Deny，Allow：在默认情况下会允许所有没有明确被拒绝的用户。

（2）Deny 和 Allow

Deny 和 Allow 命令的后面跟访问列表，访问列表可以使用如下几种形式。

- All：表示所有用户。
- 域名：表示域内的所有用户。
- IP 地址：表示指定 IP 地址的用户。
- 网络/子网掩码：如 192.168.1.0/255.255.255.0。
- CIDR 规范：如 192.168.1.0/24。

（3）访问控制配置举例

1）设置 IP 地址（为 ens33 和 ens33:0 分别设置一个 IP 地址）。

```
ifconfig ens33 192.168.1.1
ifconfig ens33:0 192.168.2.1
```

2）建立/etc/httpd/conf.d/serverinfo.conf 配置文件。

```
# vim /etc/httpd/conf.d/serverinfo.conf
//在文件中添加以下配置行
<Location /server-info>
//由 mod_info 模块生成服务器配置信息
SetHandler server-info
//先执行 deny 规则再执行 allow 规则
Order deny,allow
Deny from all
Allow from 192.168.1.1     //拒绝所有的客户，只允许来自 192.168.1.1 的访问
</Location>
```

3）重新启动 Apache 服务。

```
#systemctl restart httpd.service
```

4）在 IP 地址为 192.168.1.1 的主机上查看结果，如图 9-7 所示。

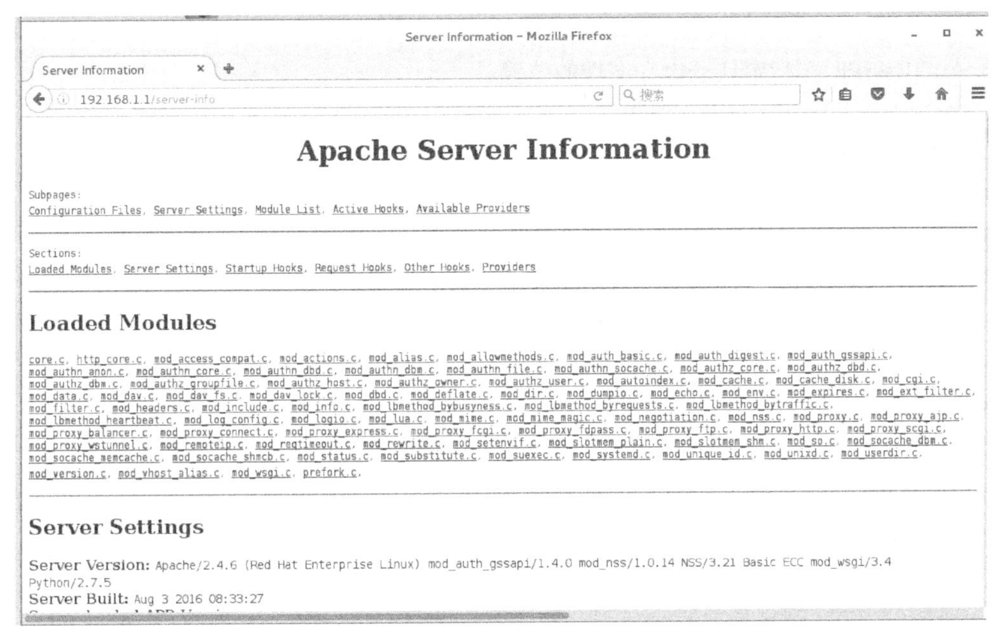

图 9-7　在被允许访问的主机上测试访问结果

在任意其他主机上试着访问主页，如在 IP 地址 192.168.2.1 的主机上访问，会出现如图 9-8 所示的结果。

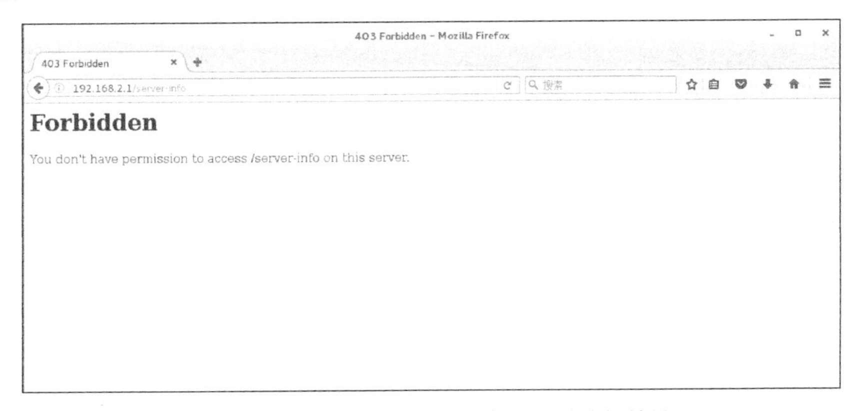

图 9-8　在未被允许访问的主机上测试访问结果

2．认证和授权

大多数网站都是匿名访问，不需要验证用户身份，但是对于一些重要的 Web 网站来说，需要对访问的用户进行限制。Apache 服务器的实现方法是，将特定的资源限制为仅允许认证密码文件中的用户访问。

（1）认证配置命令

- AuthName：定义受保护领域的名称。
  命令用法：AuthName 领域名称
- AuthType：定义使用的认证方式。
  命令用法：AuthType Basic 或 Digest
- AuthGroupFile：定义认证组文件的位置。

命令用法：AuthGroupFile 文件名

- AuthUserFile：指定认证口令文件的位置。

命令用法：AuthUserFile 文件名

（2）授权配置指令

- Require user 用户名 [用户名]……：授权给指定的一个或多个用户。
- Require group 组名 [组名]……：授权给指定的一个或多个组。
- Require valid-user：授权给认证口令文件中的所有用户。

（3）管理认证口令文件和认证组文件

1）管理认证口令文件。

① 创建新的认证口令文件。

```
# htpasswd -c 认证口令文件名 用户名 //在添加一个认证用户的同时创建认证口令文件
```

② 修改认证口令文件。

```
# htpasswd 认证口令文件名 用户名      //向现存的口令文件中添加用户或修改已存在用户的口令
```

③ 认证口令文件的格式如下。

```
用户名:加密的口令
```

2）管理认证组文件。

认证组文件只是一个文本文件，用户可以使用任何文本编辑器对它修改。格式如下。

```
组名:用户名 用户名…
```

（4）认证与授权配置举例

1）创建认证口令文件，并添加两个用户。

```
# mkdir /var/www/passwd
# cd /var/www/passwd
# htpasswd -c mima user2
# htpasswd mima user3
//将认证口令文件的属主改为 apache
# chown apache.apache mima
```

2）建立认证配置文件。

```
# vim /etc/httpd/conf.d/private.conf
//添加如下的配置行
<Directory "/var/www/html/private">       //在此目录下任意地编写一个文件
    AllowOverride None                    //不使用.htaccess 文件
    AuthType Basic                        //指定使用基本认证方式
    AuthName "mima"                       //指定认证领域名称
    AuthUserFile /var/www/passwd/mima     //指定认证口令文件的存放位置,其中 mima
为认证口令文件名
    require valid-user                    //授权认证口令文件中的所有用户
</Directory>
```

3）重新启动 Apache 服务。

```
#systemctl restart httpd.service
```

4）建立目录及相关测试文件。

```
# mkdir /var/www/html/private
```

```
#cd private
#vim index.html
```

5）测试访问。在地址栏中输入“http://192.168.1.1/private”，然后输入认证口令文件中的用户名和密码即可访问网页，如图9-9所示。

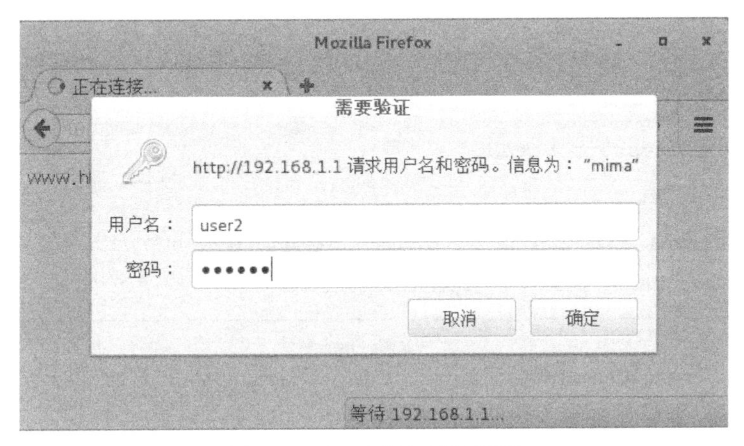

图9-9 认证和授权测试页面

9.3.5 页面重定向

当用户经常访问某个Web网站时，可能会将该网站的URL地址收藏下来，以后在访问该网站时可以直接打开。但是如果该网站的地址发生了变化，用户再使用原来的URL地址就无法进行访问了。为了方便用户继续使用原来的URL地址访问，就需要设置页面重定向。

1. 页面重定向配置命令

命令语法：Redirect [错误响应代码] 用户请求的URL [重定向的URL]

其中常见的错误响应代码如下。

- 301：告知用户请求的URL地址已经被永久地移动到新的URL地址，用户可以记住新的URL地址，以便日后直接使用新的URL地址进行访问。
- 302：告知用户请求的URL地址临时移动到新的URL地址，用户无须记住新的URL地址，如果省略错误响应代码，则默认为302。
- 303：告知用户页面已经被替换，用户应该记住新的URL地址。
- 410：告知用户请求的页面已经不存在，使用此代码时不应该使用重定向的URL参数。

2. 页面重定向配置举例

（1）创建目录结构和页面

```
# cd /var/www/html
# mkdir news old-news              //同时建立两个目录
# mkdir news/march
# mkdir old-news/march
# echo "March news">news/march/index.html
# echo "March old news">old-news/march/index.html
```

在编辑主配置文件前应当先测试，查看页面重定向前后的页面，地址分别为 http://192.168.1.1/ news/march 和 http://192.168.1.1/old-news/march。

（2）编辑主配置文件

```
# vim /etc/httpd/conf/httpd.conf
//添加如下行
Redirect  303  /old-news/march  http://192.168.1.1/news/march
```

（3）重新启动 httpd 服务

```
#systemctl restart httpd
```

（4）测试

在配置前进行测试，页面如图 9-10 所示。在配置后输入 http://192.168.1.1/old-news/march 网址后就会转到 news/march 目录下，如图 9-11 所示。

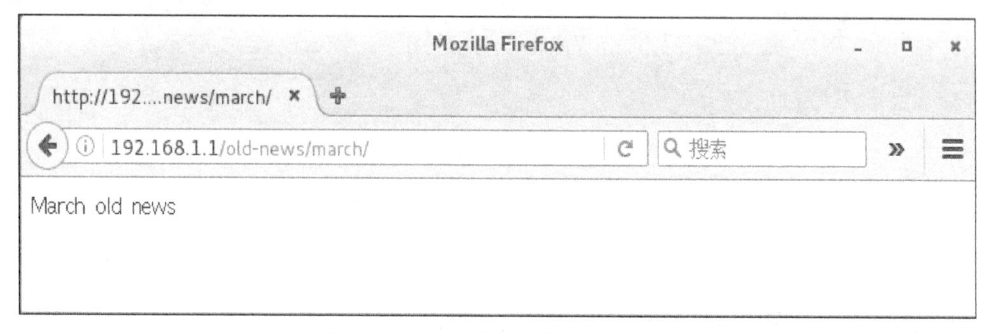

图 9-10 页面重定向前的测试页面

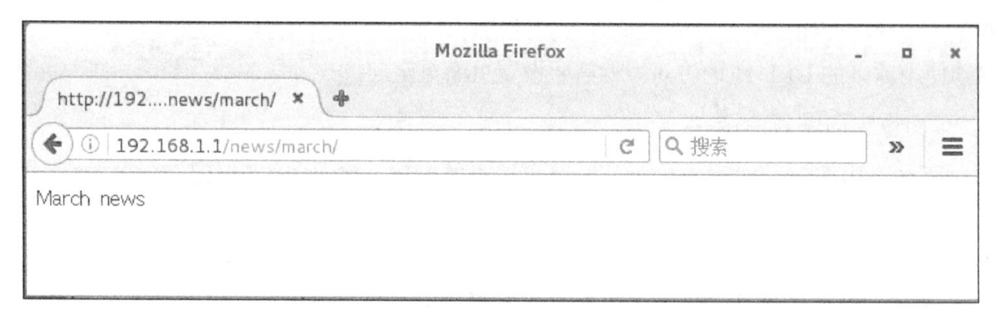

图 9-11 页面重定向后的测试页面

任务 9.4 认识虚拟主机技术

在安装好 Apache 服务器后，直接将网站内容放到其主目录或虚拟目录中即可直接使用，但最好进行重新配置，以保证网站的安全。可以在一台服务器上建立多个虚拟主机来实现多个 Web 网站，这样可以节约硬件资源，达到降低成本的目的。

虚拟主机（Virtual Host）是指在一台主机上运行的多个 Web 站点，每个站点均有自己独立的域名。虚拟主机对用户是透明的，就好像每个站点都在一台单独的主机上运行一样。

虚拟主机的概念对于 ISP（Internet Service Provider，因特网服务提供商）来讲非常有用，因为虽然一个组织可以将自己的网页挂在其他域名的服务器的下级网址上，但使用独立的域名和根网址更为正式，也易为众人接受。一般来讲，必须自己设立一台服务器才能达到拥有独立域名的目的，然而，这需要维护一个单独的服务器，很多小企业缺乏足够的维护能力，所以更为合适的方式是租用他人维护的服务器。ISP 也没有必要为每一个机构提供一台单独的服务器，完全可以使用虚拟主机，使服务器为多个域名提供 Web 服务，而且不同的服务互不干扰，对外就表现为多台不同的服务器。

使用虚拟主机技术，通过分配 TCP 端口、IP 地址和主机头名，可以在一台服务器上建立多个虚拟 Web 网站，每个网站都具有唯一的由端口号、IP 地址和主机头名三部分组成的网站标识，用来接收来自客户机的请求，不同的 Web 网站可以提供不同的 Web 服务，而且每一个虚拟主机和一台独立的主机完全一样。虚拟技术将一台物理主机分割成多个逻辑上的虚拟主机使用，显然能够节省经费，对于访问量较小的网站来说比较经济实用。但由于这些虚拟主机共享这台服务器的硬件资源和带宽，在访问量较大时就容易出现资源不够用的情况。一般来讲，架设多个 Web 网站可以通过以下几种方式。

- 使用不同端口号架设多个 Web 网站。
- 使用不同 IP 地址架设多个 Web 网站。
- 使用不同主机头架设多个 Web 网站。

如果每个 Web 站点拥有不同的 IP 地址，则称为基于 IP 的虚拟主机；每个 Web 站点拥有相同的 IP 地址和不同的端口号，则称为基于端口的虚拟主机；若每个站点的 IP 地址相同，但域名不同，则称为基于域名的虚拟主机。使用这种技术，不同的虚拟主机可以共享同一个 IP 地址，以解决 IP 地址缺乏的问题。

要实现虚拟主机，首先必须用 Listen 命令告诉服务器需要监听的地址和端口，然后为特定的地址和端口建立一个<VirtualHost>段，并在该段中配置虚拟主机。

9.4.1 基于域名的虚拟主机

基于域名的虚拟主机技术就是要在域名服务器上将多个域名映射到同一个 IP 地址上，即所有虚拟主机共享同一个 IP 地址，各虚拟主机之间通过域名进行区分。

要建立基于域名的虚拟主机，在 DNS 服务器中应该创建多个 A 记录，以使它们解析到同一个 IP 地址。例如：

```
www.web1.com        IN      A    192.168.1.1
www.web2.com        IN      A    192.168.1.1
```

1. 虚拟主机的创建步骤

1）在 DNS 服务器中为每个虚拟主机所使用的域名进行注册，让其能解析到服务器所使用的 IP 地址。

2）在配置文件中使用 Listen 命令指定要监听的地址和端口。Web 服务器使用标准的 80 号端口，因此一般可配置为 Listen 80，让其监听当前服务器的所有地址上的 80 端口。

3）使用 NameVirtualHost 命令，为一个基于域名的虚拟主机指定将使用哪个 IP 地址和端口来接受请求。如果对多个地址使用了多个基于域名的虚拟主机，则对每个地址均要使用此指令。

用法：NameVirtualHost 地址[:端口]

示例：NameVirtualHost 61.186.160.104

4）使用<VirtualHost>容器命令定义每一个虚拟主机。<VirtualHost>容器的参数必须与NameVirtualHost 后面所使用的参数保持一致。

在<VirtualHost>容器中至少应指定 ServerName 和 DocumentRoot，其他可选的配置项还有ServerAdmin、DirectoryIndex、ErrorLog、CustomLog、TransferLog、ServerAlias、ScriptAlias 等。

2. 基于域名虚拟主机的配置实例

假设当前服务器的 IP 地址为 192.168.1.1，现要在该服务器创建 2 个基于域名的虚拟主机，使用端口为标准的 80，其域名分别为 www.myweb1.com 和 www.myweb2.com，站点根目录分别为/var/www/myweb1 和/var/www/myweb2，Apache 服务器原来的主站点采用域名 www.myweb.com 进行访问。

1）注册虚拟主机所要使用的域名。

① 配置 DNS 服务器，以实现 IP 地址与域名的解析。

② 在/etc/hosts 文件中加入以下语句。

```
192.168.1.1 www.myweb.com www.myweb1.com www.myweb2.com
```

2）创建所需的目录。

```
[root@localhost ~]#  mkdir -p /var/www/myweb1
[root@localhost ~]#  mkdir -p /var/www/myweb2
```

3）编辑 httpd.conf 配置文件，设置 Listen 指令侦听的端口。

```
Listen 80
```

4）建立虚拟机配置文件。

```
#vim /etc/httpd/conf.d/VirtualHost.conf
```

并在文件中添加以下内容。

```
NameVirtualHost 192.168.1.1
<VirtualHost 192.168.1.1>
  ServerName www.myweb.com
  DocumentRoot /var/www/html
  ServerAdmin webmaster@myweb.com
</VirtualHost>
 <VirtualHost 192.168.1.1>
  ServerName www.myweb1.com
  DocumentRoot /var/www/myweb1
</VirtualHost>
<VirtualHost 192.168.1.1>
  ServerName www.myweb2.com
  DocumentRoot /var/www/myweb2
</VirtualHost>
```

5）对用于存放 Web 站点的目录，设置访问控制。

```
<Directory /var/www>
Options FollowSymLinks
AllowOverride None
Order deny,allow
Allow from all
</Directory>
```

6）重启Apache服务器，使配置生效。

```
[root@localhost ~]# systemctl restart httpd.service
```

7）测试虚拟主机。

9.4.2 基于IP的虚拟主机

基于IP的虚拟主机拥有不同的IP地址，这就要求服务器必须同时绑定多个IP地址。这可通过在服务器上安装多块网卡，或通过虚拟IP接口来实现，即在一张网卡上绑定多个IP地址。

1. 绑定IP地址

为服务器安装多块网卡或为现有网卡绑定多个IP地址。

2. 配置基于IP的虚拟主机

首先利用Listen命令设置要监听的IP地址和端口，然后在配置文件中直接利用<VirtualHost>容器配置虚拟主机即可。在配置段中，ServerName和DocumentRoot仍是必选配置项，可选配置项有ServerAdmin、ErrorLog、TransferLog和CustomLog等。

单一的httpd守护进程将伺服所有对主服务器和虚拟主机的http请求。

3. 基于IP的虚拟主机配置实例

当前服务器有192.168.1.1和192.168.2.1两个IP地址，对应的域名分别为www.example1.com和www.example2.com，试为其创建基于IP的虚拟主机，端口使用80。这两个站点的根目录分别为/var/www/example1和/var/www/example2。

1）为服务器安装多块网卡或为现有网卡绑定多个IP地址。

```
ifconfig ens33 192.168.1.1 netmask 255.255.255.0
ifconfig ens33:0 192.168.2.1 netmask 255.255.255.0
```

2）注册虚拟主机所要使用的域名。编辑/etc/hosts文件，在文件中添加以下两行内容。

```
192.168.1.1          www.example1.com
192.168.2.1          www.example2.com
```

3）创建Web站点根目录。

```
[root@localhost ~]# mkdir -p /var/www/example1
[root@localhost ~]# mkdir -p /var/www/example2
```

4）编辑httpd.conf配置文件，保证有以下Listen命令。

```
Listen 80
```

5）配置虚拟主机。

```
<VirtualHost 192.168.1.1>
ServerName www.example1.com
DocumentRoot /var/www/example1
</VirtualHost>
<VirtualHost 192.168.2.1>
ServerName www.example2.com
DocumentRoot /var/www/example2
</VirtualHost>
```

6）在/var/www/example1 和/var/www/example2 目录中，利用 Vim 编辑器创建 index.html 主页文件。

7）重启 Apache 服务器。

```
[root@localhost ~]# systemctl restart httpd.service
```

8）测试虚拟主机。在客户机中分别使用 192.168.1.1 和 192.168.2.1 进行访问，结果可以浏览到不同的网页。

9.4.3 基于端口的虚拟主机

基于端口的虚拟主机技术是指所有主机共享同一个 IP 地址，各虚拟主机之间通过不同的端口号进行区分。在设置基于端口的虚拟主机的配置时，需要利用 Listen 命令设置所监听的各个端口。

假设当前服务器的 IP 地址为 192.168.1.1，现要在该服务器创建 2 个基于域名的虚拟主机，域名分别使用 www.myweb3.com 和 www.myweb4.com，每个虚拟主机的 80 端口和 8080 端口分别服务一个 Web 站点，其站点根目录分别为/var/www/myweb3-80、/var/www/myweb3-8080、/var/www/myweb4-80、/var/www/myweb4-8080，www.myweb3.com 的 80 端口作为默认 Web 站点。

1）在/etc/hosts 文件中注册虚拟主机所要使用的域名。

2）创建所需的目录。

```
[root@localhost ~]#  mkdir -p /var/www/myweb3-80
[root@localhost ~]#  mkdir -p /var/www/myweb3-8080
[root@localhost ~]#  mkdir -p /var/www/myweb4-80
[root@localhost ~]#  mkdir -p /var/www/myweb4-8080
```

3）编辑 httpd.conf 配置文件，设置 Listen 命令侦听的端口为 80 和 8080。

```
Listen 80
Listen 8080
```

4）建立虚拟机配置文件。

```
#vim /etc/httpd/conf.d/VirtualHost.conf
```

并在文件中添加以下内容。

```
NameVirtualHost 192.168.1.1:80
NameVirtualHost 192.168.1.1:8080
<VirtualHost 192.168.1.1:80>
  ServerName www.myweb3.com
  DocumentRoot /var/www/myweb3-80
</VirtualHost>
 <VirtualHost 192.168.1.1:8080>
  ServerName www.myweb3.com
  DocumentRoot /var/www/myweb3-8080
</VirtualHost>
<VirtualHost  192.168.1.1:80>
  ServerName  www.myweb4.com
  DocumentRoot  /var/www/myweb4-80
</VirtualHost>
```

```
 <VirtualHost  192.168.1.1:8080>
  ServerName  www.myweb4.com
  DocumentRoot  /var/www/myweb4-8080
</VirtualHost>
```

5）重启 Apache 服务器，以使配置生效。

```
[root@localhost ~]#  systemctl restart httpd.service
```

6）利用 Vim 编辑器，在各站点根目录分别创建一个内容不同的 index.html 文件。

7）测试各 Web 站点。

任务 9.5　管理 Apache 服务器

9.5.1　监视 Apache 服务器的状态

可以通过访问 http://服务器的 IP 地址/server-status 来查看服务器的当前状态。修改方法：建立配置文件 /etc/httpd/conf.d/serverstatus.conf，添加如下的配置行，并将 Allow 命令的参数改为允许执行服务器监控的计算机的 IP 地址。

```
<Location /server-status>
    SetHandler   server-status
    Order  deny,allow
    Deny  from all
    Allow  from 192.168.1.1
</Location>
```

在浏览器中输入 http://192.168.1.1/server-status 就可以查看 Apache 服务器的状态信息，如图 9-12 所示。

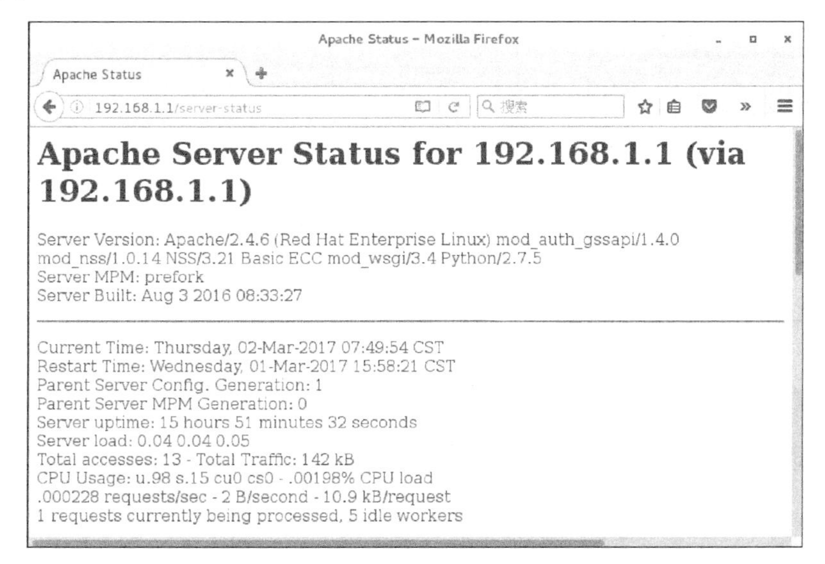

图 9-12　查看 Apache 服务器的状态信息

9.5.2 查看 Apache 服务器的配置信息

可以通过访问 http://服务器的 IP 地址/server-info 来查看服务器的配置信息。修改方法：建立配置文件 /etc/httpd/conf.d/serverinfo.conf，添加如下的配置行，并将 Allow 命令的参数改为允许执行服务器配置的计算机的 IP 地址。

```
<Location /server-info>
   SetHandler  server-info
   Order  deny,allow
   Deny  from all
   Allow  from 192.168.1.1
</Location>
```

在浏览器中输入 http://192.168.1.1/server-info 就可以查看 Apache 服务器的配置信息。

项目小结

本项目结合企业 Web 服务器的架设需求，详细地讲述了 Web 服务器和 Web 客户机的配置过程。通过本项目的学习，学生掌握了 Web 的架设过程，也了解了 Web 的相关知识。

实训练习

1. 实训目的

掌握 Apache 服务器的使用。

2. 实训内容

1）设置 IP 地址、主目录。

2）安装 Apache 服务。

3）配置 Apache 服务器

3. 实训步骤

1）准备好 Apache 主目录、默认文档等。

2）安装 Apache 服务。

3）创建 Web 站点。

4）基于主机名、IP 地址等虚拟主机技术的使用。

5）测试 Apache 服务器是否能够正常访问。

课后习题

一、选择题

1. Web 服务器使用的协议是（　　）。

A．FTP　　B．HTTP　　C．SMTP　　D．ICMP

2．在RHEL 7中手工安装Apache服务器时，默认的Web站点的目录为（　　）。

A．/var/www/html　　B．/var/http

C．/var/httpd　　D．/var/html

3．Apache服务器默认侦听的端口是（　　）。

A．25　　B．21　　C．80　　D．110

4．对于Apache服务器，子进程的默认的用户是（　　）。

A．user　　B．httpd　　C．http　　D．apache

5．用户主页的存放目录由主配置文件httpd.conf的（　　）参数设置。

A．DocumentRoot　　B．DirectoryIndex

C．Document　　D．Directory

二、简答题

1．什么是虚拟主机？使用虚拟目录有什么好处？

2．如何利用虚拟主机技术建立多个Web网站？

3．Apache服务器主要有哪些访问控制技术？

4．Web网站远程维护有哪些方式？WebDAV有哪些特点？

参考文献

[1] 刘遄. Linux 就该这么学[M]. 北京：人民邮电出版社，2020.

[2] 夏笠芹，谢树新. Linux 网络操作系统配置与管理[M]. 大连：大连理工大学出版社，2019.

[3] 孙亚南，李勇. Red Hat Enterprise Linux 7 高薪运维入门[M]. 北京：清华大学出版社，2016.